高等教育"十四五"校企合作融媒体系列教材

U0669061

品牌包装策划与项目实训

主 编　戴　丹

副主编　高艳飞　魏　巍　张建琴

参　编　郭益群　陈旭锋　白松楠　于　光　巫丽红　张海峰

华中科技大学出版社
http://press.hust.edu.cn
中国·武汉

内 容 简 介

本书源于产教融合实践，将 1 个包装设计项目分为 4 个模块、12 个关键节点任务。每个任务采用范例讲解、项目实训、复盘评价的体例。本书既可用于院校包装设计相关专业的教学，也可用于包装设计师等职业的岗位培训。

图书在版编目（CIP）数据

品牌包装策划与项目实训 / 戴丹主编 . -- 武汉 ： 华中科技大学出版社，2024. 9.
ISBN 978-7-5772-0714-8

Ⅰ．TB482

中国国家版本馆 CIP 数据核字第 2024UC6536 号

品牌包装策划与项目实训
Pinpai Baozhuang Cehua yu Xiangmu Shixun

戴丹　主编

策划编辑：江　畅

责任编辑：李曜男

封面设计：孢　子

责任校对：张会军

责任监印：朱　玢

出版发行：华中科技大学出版社（中国·武汉）　　电话：（027）81321913
　　　　　武汉市东湖新技术开发区华工科技园　　邮编：430223

录　　排：武汉创易图文工作室

印　　刷：武汉科源印刷设计有限公司

开　　本：787 mm×1092 mm　1/16

印　　张：9.5

字　　数：246 千字

版　　次：2024 年 9 月第 1 版第 1 次印刷

定　　价：59.00 元

党的二十大报告指出，高质量发展是全面建设社会主义现代化国家的首要任务。建设制造强国，离不开高素质技术技能人才。大力培养技术技能人才，为技术技能人才插上腾飞的翅膀，正是职业教育的重要任务。《品牌包装策划与项目实训》是依据《国家职业教育改革实施方案》的产教融合校企"双元"育人理念进行开发的新形态活页式教材，基于广东文艺职业学院包装工作室校企合作项目的实战经验撰写，树立"文化赋能，思政浸润，专业打造"的培育理念，以真实项目为主线，坚持以学生为中心、以实训为导向的教学改革要求，结合高职学生的认知特点、心理素质与包装实训项目的工作流程来设定内容。

本书以 1 个项目贯穿、4 个模块分解、12 个任务串联，综合知识目标、技能目标、素质目标，对学生进行品德培养与技能训练。模块训练前进行"品牌包装项目"的确定，根据项目的类型与内容，依次完成项目任务。每一项任务训练都涉及课前、课中、课后的实训任务，并附有参考范例。本书以 1 个包装设计训练项目贯穿 4 个模块的编写，使学生更直观地感受包装项目实训过程中的任务要求与实操方法。

4 个模块共有 12 个任务：模块一的任务 1 和任务 2 属于品牌包装认知训练，内容可以由学生自选，不受限制；其他任务则围绕一个包装项目进行训练（教师可结合本班学情合理安排或更换训练项目）。模块一任务 3 中附有项目实训计划书模板，熟悉实训计划书后可全面理解完成包装设计项目所需的所有工作。当某一模块任务完成后，学生要将项目确定的内容收录在项目实训计划书里，以便更清晰地掌握项目实训的整体进度、过程。

十八载教学相长，始于初心，源于热爱。春风化雨，唯以德能滋养的光辉才能让学生踌躇满志，走得更远。我们在包装设计的讲台上送走了一届又一届的学生，见证了我国商品包装市场设计审美的迭代升级，亲历了中国职业教育的变革与发展。在面向市场的包装项目教学中，我们不负企业委托，加速了实践教学的发展，落地了一个又一个包装实践课题，和学生一起见证了实践中巧思的产品包装设计流通在熟悉的商铺、卖场、街道；我们的包装创意作品屡获全国包装技能大赛、世界之星、中国之星 & 包装创意大赛、全国包装创意设计大赛等诸多专业赛项的金、银、铜奖，培养了大批包装设计高素质技能型人才。想给执教生涯做一次有意义的总结，于是萌生出撰写教材的想法。

　　本书得以成型要感谢广东文艺职业学院设计与工艺美术学院、华中科技大学出版社、广州状元坊食品发展有限公司的大力支持，要感谢本书撰写过程中给予支持、建议的领导、同事、朋友们！教材在编写的过程中收录了部分包装案例，仅用于教学，如有侵权请联系我们，在此一并感谢！不足之处，请大家批评指正！

戴丹

2024 年 3 月

目录
Contents

模块一

品牌包装策划认知训练

本模块我们将完成品牌包装分析、品牌包装信息整理与提炼、品牌包装策划与构思三个任务的学习。

学习目标	
知识目标	1. 理解包装设计与品牌的关系 2. 强化包装的品牌意识 3. 理解品牌策划与包装设计的内在联系
技能目标	1. 能运用数据统计法来分析同类竞品的差异 2. 能运用信息概括能力来总结包装产品的优缺点 3. 能建立清晰的品牌包装策划创新思维
素质目标	1. 提升对品牌包装要素的理解力 2. 提升对品牌包装的信息整理能力 3. 理解包装策划能力对包装设计的重要作用 4. 培养中国文化素养

模块学习小助手：本模块的任务1和任务2是包装品牌的认知训练。从本模块的任务3开始，学生确定项目内容后完成任务，整个包装项目的完成持续到模块四的最后一个任务。本书以广州状元坊食品发展有限公司的项目为例展开设计，项目的具体内容可以依据实际情况更换。为了让学生更好地进行包装设计项目的训练与学习，我们在任务3中附了项目计划实训书模板，使学生清晰地了解包装设计项目涵盖的所有内容。学生每完成一项目标任务，就将确定的方案收录进计划书。完成后的计划书可以让我们清晰、全面地掌握包装设计项目的每项内容。

任务 1　品牌包装分析

📖 |第一部分　知识导入|

一、理论概述

包装与品牌的关系

　　品牌是名称、符号或设计的组合,其目的是让人识别销售的产品,并使之同竞争对手的产品区分开。产品包装作为品牌形象的重要组成部分,是品牌的视觉载体。优质的包装设计具有提升传达力、商品力、销售力的重要作用。包装既可以保护产品免受损伤,又可以代表产品及相关的品牌,以吸引目标消费者群体。包装为产品提供了一个宣传平台。包装通过文字、图像等让消费者了解产品特点,消费者将该产品与竞争对手的产品区分开。

二、重点知识

中国包装的
起源与发展

1. 包装的概念

　　包装设计与我们的生活息息相关,包装是社会发展的自然产物,记录了人类发展的全过程。包装的概念有两个。一是盛装和保护产品的容器,即包装物,如箱、袋、瓶、盒等。包装按在流通中的作用可分为内包装(也称小包装)、中包装、外包装;按用途可分为通用包装、专用包装;按耐压程度可分为硬包装、半硬包装和软包装;按制造材质可分为木包装、纸包装、金属包装和塑料包装等。包装对减少损耗,方便运输、储藏,美化商品和提高服务质量等都有重要作用。二是包扎产品的操作活动,如装箱、打包等。

2. 品牌包装分析的作用

　　本任务中的品牌包装分析是指挑选一类商品,针对不同品牌的商用包装进行分析,了解品牌包装在营销过程中的差异性与独特性,为后续包装设计项目做准备。通过深入了解消费者的需求和偏好,以及竞争环境和品牌策略,设计人员可以设计出更具吸引力、更有效的包装,以提高销量。

3. 品牌包装分析的重点

　　品牌包装分析要注意几个重要的问题。①在竞争激烈的市场中,包装设计应考虑如何脱颖而出,吸引消费者的注意力。②包装设计应考虑如何让消费者更好地了解品牌及其产品。③包装设计应考虑如何增强品牌识别度。独特的包装设计可以使品牌在市场中更容易被识别和记忆,这有助于提高品牌的知名度和消费者的忠诚度。④包装设计应考虑如何刺激消费者作出购买决策。特别是在超市等零售环境中,消费者往往会在第一时间被包装颜值更高的产品吸引。⑤包装设计应考虑如何保护产品。包装设计应该保护产品,防止其在运输或储存过程中损坏。⑥包装设计应考虑如何传达产品价值。包装上的信息应向消费者传达产品的价值,如产品的用途、品质、功能等。

4. 品牌包装设计中品牌符号的重要作用

一般情况下,消费者在购买新产品时,会选择有一定知名度的品牌。包装上的品牌符号尤为重要。独特、新颖的品牌包装,是产品留给消费者的第一印象。在直接接触产品前,包装的综合品质影响着消费者对产品的判断。包装是无声的推销员,消费者可以凭包装上的图文介绍了解产品,从而决定是否购买。包装设计直接影响消费者对产品品质的判断。承载着诸多品牌信息的产品包装,摆放在商场、超市的货架上,就是无声的广告。在琳琅满目的产品中,品牌依附于产品包装被认知和购买,随着产品的质量被逐渐接受和喜爱,品牌也就深深植入消费者的心里。抢眼的包装设计能以其出众的视觉识别力帮助企业商品从众多竞争品牌中脱颖而出,使消费者留意、停顿、观察、赞赏并产生购买行为,这也是每个商家所追求的理想包装设计。

三、思政拓展

1. 中国包装的起源与发展

在中华民族的历史长河中,沉淀了不可胜举的包装设计成果,大量出土文物和历史资料表明,新石器时代日常用的篮筐、土陶容器在原始制作过程中,其造型、符号、图案等方面已体现出包装设计的意图。距今 300 万年前,人类在狩猎采集的原始生活中,学会了编制篮筐、磨制石器,这应该是最早出现的包装设计。新石器时代,我们的祖先发明了盛放物品的陶器,陶器的烧制成型标志着中华民族对人类社会文明的伟大贡献。陶器有距今 1 万多年前的灰陶、8000 多年前的磁山文化的红陶、7000 多年前仰韶文化的彩陶、6000 多年前大汶口文化的蛋壳黑陶、4000 多年前商代的白陶、汉代的釉陶等,如图 1–1 至图 1–3 所示。尖底瓶是我国原始社会的具有独特造型的容器包装。奴隶社会,我国进入了铜质包装容器时代。秦一统六国后,商品经济的发展为包装设计的发展打下基础。唐、宋、明、清时期,包装设计生产归手工业行业监督管理,促进了包装设计、包装生产的发展。在 18 世纪世界工业革命浪潮的影响下,中国近代包装设计开始萌芽。19 世纪初期,我国包装设计随着民族工业的兴起而逐渐发展起来。1949 年新中国成立以来,我国取得了伟大的成绩,逐渐成为世界包装大国。

2. 中国名酒的包装故事

据资料记载,1915 年巴拿马太平洋万国博览会在美国旧金山举办,中国代表团带着一批包括中国名酒茅台在内的以农业产品为主力的产品去参展。由于当时的中国社会动荡、经济落后,产品包装并没有受到企业的重视,陶瓶盛装的茅台酒(见图 1–4)十分低调,无法体现茅台酒的品质,在来自各国的有精美包装的酒中无人问津。一位中国代表无意打破了一瓶茅台酒,酒香四溢,吸引了评委。评委经过反复品尝,一致鉴定茅台酒是世界上最好的白酒,茅台酒最终取得了金奖。这个金奖来之不易,同时给我们留下了深刻的警醒:包装设计的意义重大,品牌包装作为形式产品,是消费者接触品牌的重要媒介,优质的包装设计具有提升商品力、形象力、销售力的重要意义。2023 年茅台酒的包装如图 1-5 所示。

图 1-1　灰陶鬲

图 1-2　商代灰陶带鼻弦纹壶

图 1-3　马家窑文化双耳鸟形壶

图 1-4　1915 年万国博览会的茅台包装

图 1-5　2023 年茅台酒的包装

四、应用宝库

1. 品牌包装与品牌的关系

在包装设计的过程中,设计人员要以品牌理念为主导。品牌代表的是产品或者相应的服务,而包装则是品牌外在的表现,是品牌形象塑造与传播的重要载体。客户无法直接了解产品或者服务的质量,因此,包装设计可作为品牌代言人、无声推销员。产品包装设计体现了企业发展的理念和企业文化,因此,包装设计需要根据品牌定位、产品定位,找出特点、特色进行设计,应包含品牌相关的要素,使消费者在清晰地了解产品特点的同时感受品牌带来的价值,提炼完整的品牌信息,让消费者对品牌包装产品产生积极的认知。

2. 品牌包装分析的主要内容与方法

品牌包装分析的主要内容与方法如表 1–1 所示。

表 1–1　品牌包装分析的主要内容与方法

主要内容	主要方法
包装品牌元素	图表分析法、对比分析法、数据分析法、差异分析法
包装图形设计	
包装色彩分析	
包装文字分析	
包装结构分析	
包装材料分析	
包装印刷工艺分析	

第二部分　任务实训

一、任务概述

包装设计是一项综合的系统设计工作,需要将品牌商标、文字、图案、色彩、造型、材料等多项要素根据不同的包装意图排列在一起,在考虑商品特性的基础上,遵循品牌设计的基本原则,将品牌的视觉符号最大限度地融入包装设计,形成独有的品牌个性,在区分竞争产品的同时,明确该产品归属的企业。品牌包装只有信息明确、内容规范,才能正确引导消费者,在促进销售的同时促进品牌文化的传播。在品牌包装分析任务的执行过程中,学生主要通过对成熟商品包装的信息进行分析与整理,进一步理解品牌与包装的关系,细致分析同类品牌包装差异,提高品牌包装信息整理能力与手绘表达能力。

二、学习目标

(1)理解品牌与包装的关系。
(2)用数据统计法分析同类品牌包装差异。
(3)提升品牌包装信息整理能力与手绘表达能力。

三、实训内容

食品包装整理分析(信息归纳练习)。

四、建议课时

建议课时为 4 课时。

五、实训方法、材料准备

方法:材料分析法、小组讨论法、图表归纳法。

材料准备:品牌资料、学生剪刀、A4 纸、多功能尺、黑笔、彩色记号笔。

六、项目分组

学生任务分配表如表 1-2 所示。

表 1-2 学生任务分配表

小组编号:

项目任务		
组员	姓名 / 学号	分工
组长	指导老师	

七、任务训练

任务训练电子版　　参考案例 1　　参考案例 2

1. 课前导学

组号:_____　姓名:_____

引导问题:包装的基本功能是保护商品和方便运输,包装的品牌功能主要有四个,分别是传达企业文化、提供消费资讯、提升商品附加值及品牌形象再延伸、自我销售(告知、沟通、促销)。请查阅相关资料完成以下练习。

(1)什么是品牌?品牌与包装的关系是什么?

②练习任务,可自选品类进行练习。

①确定品牌包装项目品类:牛奶(　)、茶叶(　)、香水(　)、儿童食品(　)、酒(　)。

②收集相关品牌的包装创意图片资料(10～20张)。

③收集 5 个品牌的同类产品信息(国内外皆可)并填表(见表 1－3),分别找出品牌理念和产品包装特色。

表 1-3　同类产品包装分析表

编号		1	2	3	4	5
品牌名称						
品牌理念						
品牌产品						
品牌包装(包装要有特色)	图例					
	特色、特点					
	创新点					

2. 课中实践

组号：_____ 姓名：_____

（1）针对课前收集的同类产品包装的特色、特点、创新点谈一谈自己分析品牌的体会。

（2）绘制同类产品包装分析总结思维导图（包含包装的创新点、优缺点、市场受欢迎的程度）。

3. 课后强化

组号：_____　姓名：_____

（1）同类产品创意结构包装图收集。

②本任务知识小结与巩固提升（重点内容提纲）。

任务 2 品牌包装信息整理与提炼

📖 第一部分 知识导入

一、理论概述

品牌包装,是产品信息和品牌信息的重要载体。伴随着经济的快速发展,消费不断升级,品牌包装关联的品牌价值越来越大。消费者购买产品时,都会认真地阅读包装上的产品信息、品牌信息,通常更加信赖口碑好的品牌。消费者对品牌产品的消费体验通常体现在与产品的直接接触上。产品包装的"颜值"与传递的产品信息、品牌信息直接影响消费者的购买决断,因此,包装设计构思应有全局思维,明确包装是隶属品牌的包装,以消费者的视角去构思与设计,将品牌信息进行整合和提炼,并以符合审美方式的形式呈现出来,为消费者提供舒适的产品体验感,从而有效传达商品信息。这就是常说的"好的产品,包装会说话"。

产品包装的信息整理与提炼有着重要作用。信息整理主要是对品牌信息、产品信息、竞品信息提供的要点数据进行整理,掌握包装产品的特性、特点,分析同类产品的差异,确定包装设计中品牌及产品信息表达的层级关系,提炼产品特色信息,依据销售的需要进行创造性的商业编排。

品牌包装
信息整理与提炼

二、重点知识

1. 品牌包装信息整理的重要性

一个包装的品牌信息包含文字、图形两个主要元素,它包括品牌符号、创意图形、产品信息、广告语、关键词、公司及生产信息、条形码等内容。品牌包装信息整理是指对包装设计中呈现的文字、图形元素进行分级整理,以便在陈列、售卖的过程中,更快速地彰显品牌个性、产品特色,达到促进销售的目标。产品包装在满足包裹产品、保护产品,以及便于运输、存储、陈列、展示等基本功能的同时,关联着产品的品牌价值。

2. 品牌包装信息整理的方法

一个完整的商业包装包含图形、文字、符号信息,设计师需要进行系统的梳理,有一个全局的观念,在设计排版时做到心中有数。设计师应在充分了解产品特色、掌握相关包装法规的基础上,将所有的元素合理合规地安排在包装上。品牌包装信息整理可使用信息分级的方法,在与客户进行充分的沟通后,将所有的需要排版设计的信息分成一级(重要)、二级(次重要)、三级(弱重要)等多个层级,再用导图或者表格将品牌包装的所有信息进行归置,为后续的包装设计整体安排提供依据。

3. 品牌包装信息提炼的重点

品牌包装信息提炼的重点就是简洁,抓住主要矛盾,凸显产品特色,归纳产品特色关键词,围绕关键词进行创意构思与编排设计。品牌包装应能快速吸引消费者的注意力,并能迅速地展示产品特点、传播品牌信息。包装上的标识、文字、色彩、图形及其材质和工艺都与品牌试图传递的信息直接相关,展示了品牌的理念、文化等,从而向消费者传递信息,促使其做出购买决断。

4. 品牌包装信息分级的意图

传达力好的包装设计离不开包装产品信息的整理工作。设计师只有进行科学系统的信息收集、整理、分析、提取,才能理解品牌的意图,判断产品的特点,进行差异化的视觉创新,激发消费者的购买兴趣,提升品牌产品的销售力。伴随着经济的高速发展,产品迭代更新速度日趋加快,消费水平不断升级。在琳琅满目的同类产品中,独特的包装设计往往能脱颖而出。独特性使不同产品有所区别。消费者往往在观察包装的时候做出购买的决策,并和品牌建立一个长久的联系及情感共鸣。个性突出的包装设计是品牌产品竞争的重要手段,它能有效地美化产品,提升商品竞争力。

三、思政拓展

1. 品牌与价值

品牌是一个名称、符号、形象乃至一整套与消费者沟通的全方位的系统性传播架构,其根本目的是在目标消费群体中构建品牌信念,从而建立品牌知名度与消费者的忠诚度。品牌通过品牌识别系统与独特的消费体验让企业积累无形的品牌资产,使企业具有强大的吸引力。优秀的品牌形象配合合理的传播策略可以让消费群体快速形成广泛的认知,并且可以通过让消费群体认同核心价值(见图1-6),从而认可品牌所有产品。

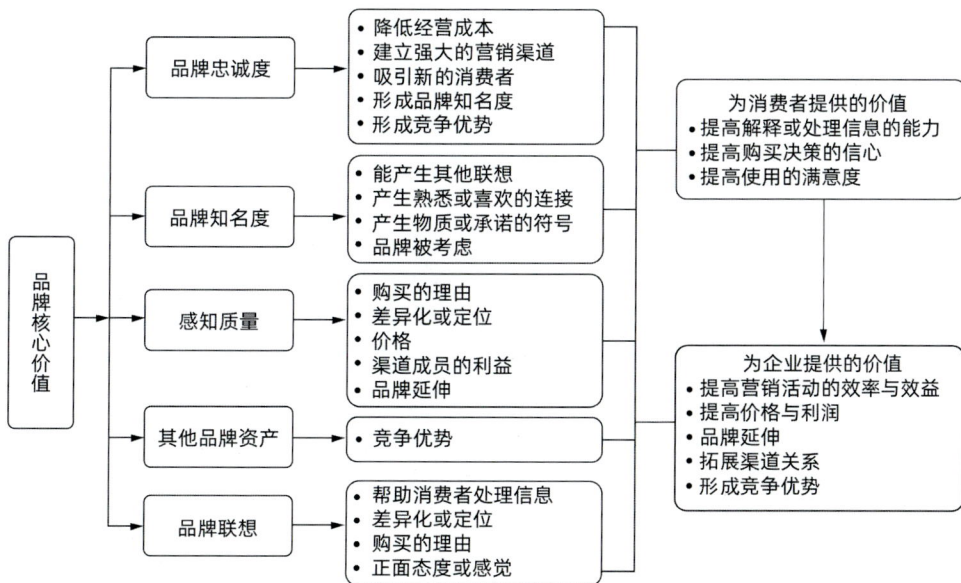

图 1-6　品牌核心价值

2. 中国最早出现的品牌

迄今为止,中国乃至世界最早出现的商标广告是济南刘家功夫针铺商标(见图 1-7),说明我国自宋代就开始使用商标广告,品牌意识萌芽。济南刘家功夫针铺商标上有店铺字号,并附有明确的商家产地;白兔捣药图是店铺标记,白兔等同于现在的产品商标。根据当时的社会背景,针的使用者以不识字的女性居多,图形比文字更有传达力。此外,白兔捣药用的杵让人联想到"只要功夫深,铁杵磨成针"的典故,这也正是济南刘家功夫针铺向世人传达的秉承匠心的品牌精神。

图 1-7 济南刘家功夫针铺商标

四、应用宝库

1. 包装法规知识

根据《中华人民共和国食品安全法》和《食品安全国家标准 预包装食品标签通则》(GB 7718—2011)的规定,食品包装应当具有清晰、醒目、易于识别的标签,包含以下内容。

食品名称:应当清晰标明食品的名称,反映食品的真实属性。

配料表:应当按照加工时加入量的递减顺序排列,加入量不超过 2% 的配料可以不按照递减顺序排列。

净含量及规格型号:应当标明食品的净含量和规格型号,以及计量单位的名称或符号。

生产日期:应当标明食品的生产日期,即食品生产者按照生产计划完成生产的日期。

保质期:应当标明食品的保质期,即食品在符合保存条件时,保持品质的期限。

贮存条件:应当标明食品的贮存条件,即食品在保质期内应当符合的保存条件。

生产者名称和地址:应当标明食品的生产者的名称和地址,以便消费者了解食品的来源。

食品生产许可证号:应当标明食品生产许可证的编号,表明食品生产者已经获得国家食品药品监督管理部门颁发的食品生产许可证。

此外,根据《食品安全国家标准 预包装食品标签通则》(GB 7718—2011)的规定,标签上还应包含食品的营养成分表、食品添加剂、营养补充剂等相关信息。同时,标签上的文字应当清晰、易于识别,并且应当使用中文。

2. 食品包装设计品牌信息梳理与分析

品牌包装信息梳理与分析总结图如图 1-8 所示。

图 1-8　品牌包装信息梳理与分析总结图

第二部分　任务实训

一、任务概述

　　包装是被包装物的载体，是物品进入流通领域不可缺少的构成部分，它以特定的商品面貌进入市场和消费环节，应遵循国家包装法规的相关规定，准确迅速地传递商品信息，树立企业与产品的良好形象，保护产品、促进销售。在包装品牌信息整理与提炼任务的执行过程中，学生可以培养品牌包装信息整理能力，熟悉产品性能、特色，通过项目训练理解品牌与包装设计的逻辑关联，提升信息概括能力。

二、学习目标

　　(1) 培养品牌包装信息整理能力。
　　(2) 理解品牌与包装设计的逻辑关联。
　　(3) 提升信息概括能力。

三、实训内容

　　食品包装品牌信息整理与提炼。

四、建议课时

　　建议课时为 4 课时。

五、实训方法、材料准备

　　方法：小组讨论法、头脑风暴法、图表归纳法(2~4 名同学为一组，分组完成任务工作单)。
　　材料准备：品牌资料案例、笔记本电脑。

六、项目分组

学生任务分配表如表 1-4 所示。

表 1-4　学生任务分配表

小组编号：

项目任务			
组员	姓名 / 学号	分工	
组长		指导老师	

七、任务训练

1. 课前导学

任务训练电子版　　参考案例 1　　参考案例 2

课前准备：准备 3 个在售包装实物或者商业包装展开图（要求：按照模块一收集的资料确定包装实物的范围，如无法准备实物，则需要找到一个已经生产的成熟品牌的包装展开图，信息应齐全）。

组号：_____ 姓名：_____

（1）找到一款你眼中最有创意的品牌包装设计，把图文介绍记录下来。

（2）思考了解包装产品最重要的信息在包装设计中的作用。

2. 课中实践

组号：＿＿＿＿＿＿＿＿＿　姓名：＿＿＿＿＿＿＿＿

（1）请标出包装展开图（见图 1-9）的视觉信息的层级关系（一级信息、二级信息、三级信息、四级信息）。

图 1-9　状元坊月饼的包装展开图

（2）请分析包装主要展示面视觉元素特点，在以下空白处手绘并用文字进行归纳。

（3）依据准备的实物包装完成实物包装整理表，如表 1-5 所示。

图 1-5　食品包装设计品牌信息梳理与分析表

品牌	包内产品分析			包面品牌信息分析				销售类型			
	品类	材料与成分	区别于竞品的创新点	品牌要素是否齐全	视觉信息的层级关系	结构与工艺	颜值与个性	零售	批发	促销款	其他

（4）将实物包装整理表中最有特色的品牌信息归纳成可视化图形信息（1 项）。

3. 课后强化

组号：＿＿＿＿＿＿　姓名：＿＿＿＿＿＿

将实物包装整理表中剩下的品牌信息分别归纳成可视化图形信息（2 项）。

（1）产品一：

（2）产品二：

（3）本任务知识小结与巩固提升（重点内容提纲）。

任务3　品牌包装策划与构思

第一部分　知识导入

一、理论概述

随着时代的发展,我国实现了第一个百年奋斗目标,全面建成小康社会,人们对美好生活的需求越来越高,对产品包装设计也有了更高的审美需求与情感需求。品牌运营商洞悉了消费者的需求,品牌包装策划人才需求剧增。品牌包装策划应以系统思维为指导,有策略、有计划地进行包装设计整体方案的推进工作,这样可以大幅度提升包装策划与设计能力。包装与品牌的关系是无法分割的。例如,良品铺子的零食包装盒只是一个盛放零食的容器,但是良品铺子这个品牌却代表了一套与产品密切联系的价值观。包装设计是品牌的包装设计,做好一个包装设计要从整体出发,理解品牌,依据品牌运营商对包装产品的定位进行设计分析与策划。

品牌包装
策划的重要性

二、重点知识

1.品牌包装策划意义

策划能力是当代设计的关键要素,是设计创新的基本素养。品牌包装策划从属于包装设计管理,与后续的包装设计模块任务环环相扣,负责调研分析品牌与包装的关联、同类品牌的差异性,洞察包装目标的个性、特色、优势,拟定包装设计定位策略,提取关键元素,通过关键元素与品牌的关联赋予品牌包装精神层面、文化层面的意义与内涵,在理念与设计之间搭建桥梁。

2.品牌包装策划要点

品牌包装策划以系统思维为指导,充分理解所属品牌的理念与定位,站在品牌的视角全维度分析包装产品与同类产品的差异性,抓住包装的关键元素,能从策划中确定设计工作展开之前的战略定位,对包装设计的组成元素进行规划与计划。在琳琅满目的商品之间,包装是无声的推销员,具有激发消费者购买欲的功能,所以在包装设计的战略定位上我们要巧用营销思维,从消费者的视角去构思和设定购买逻辑,这能有效增强产品在同类产品中的竞争优势,如引起消费者的情感共鸣,满足消费者的心理需求,采用趣味化、年轻化的策略,采用忠于消费者的品牌策略等。

3.品牌包装策划的目标

品牌包装策划是目标导向的包装设计规划,我们以丰富的专业设计知识、经验为基础,通过调研、收集、分析了解品牌产品的特点,将创意的方向、思路以文本的形式呈现出来,全面分析与定位,为包装设计的执行做充分的准备与思路梳理。包装是消费者接触品牌最直接的媒介,身负品牌使命。在日益发展的当今社会,人们对幸福生活的向往,已经上升到了精神追求、审美情趣、文化内涵等层面,品牌包装策划需要基于品牌理念做到以人为本,转换视角考虑消费者所需,拓宽设计内涵,选定合适的包装设计策略。

4. 品牌包装策划的一般流程

设计师在品牌包装策划前要进行前期的市场调研,了解设计委托方的理念,分析市场环境、同类竞品以及品牌目标人群的特点与具体需求等。确定好大的策略方向后,设计师要确定创意主题,以此展开包装的主题、风格、色彩、结构、容器、图形、文字、材料等的设计。品牌包装策划的一般流程如图 1-10 所示。

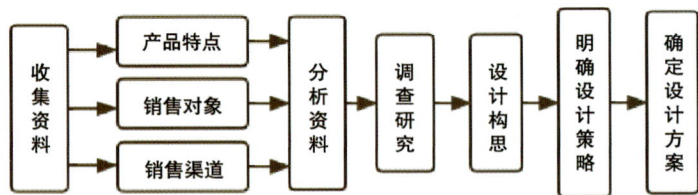

图 1-10 品牌包装策划的一般流程

三、思政拓展

1. 系统思维

多样性、相关性和一体性是系统最基本的属性,系统的一切其他属性都是在这三种属性的基础上派生出来的。系统是按照特定的方式关联起来而形成的统一体,不同的系统意味着不同的多样性、不同的关联方式、不同的统一体。按照这样的系统概念审视思维对象,明确对象是怎样的系统,进而引出相应的思想、策略、计划、方案,就是第一层面的系统思维。

2. 情感共鸣

情感共鸣能够增强我们与他人的联结,能够创造出充满温暖和亲密感的人际关系。情感共鸣能够启发我们的内在成长,从而创造出更有意义的生活。情感共鸣能够帮助我们与世界产生联系。通过与他人建立情感的联系,我们能够获得深层次的满足和成长。情感是人类共同的语言,是人类心灵的共鸣点。通过情感共鸣,我们可以跨越种种界限,创造出一种深入人心的联系。无论是通过文学、电影、绘画,还是通过商业设计,情感共鸣是一种真实、直接的交流方式,可以触及人们内心最深处的情感。

华派密封罐包装设计(课程作品)如图 1-11 所示。

图 1-11 华派密封罐包装设计（课程作品）

四、应用宝库

1. 品牌包装策划的构思方法

包装设计策略构思方法如图 1-12 所示。

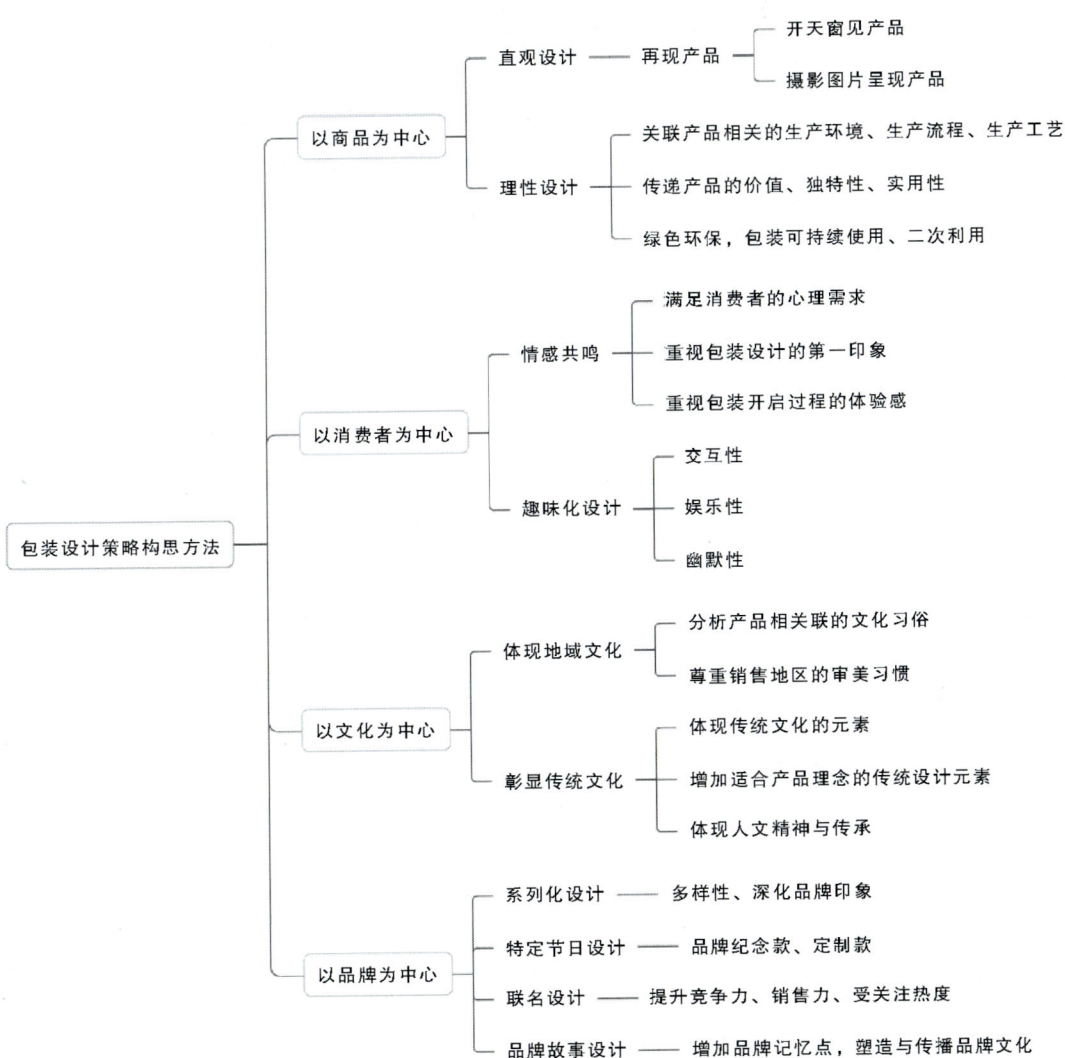

包装设计策略构思方法

图 1-12　包装设计策略构思方法

2. 包装设计策略案例赏析

(1)以消费者为中心的设计策略:情感共鸣的案例。

具有营销思维的品牌包装设计是实现品牌自我推销的有效途径。2019 年,我们受广州状元坊食品发展有限公司的委托,设计端午节的粽子礼盒包装。当年的端午节恰逢高考前夕,我们从营销思维的角度出发,依据"状元"这个众所周知又深入人心的元素进行了品牌包装设计的思考,将中式山水、锦鲤、舟、状元郎、粽子、逢考必过、金榜题名等元素融入插画,形成了极具寓意的主题"状元粽"的包装设计(见图 1-13),使其从众多粽子包装中脱颖而出,形成了情感共鸣效应,有效促进了当年状元坊粽子产品的销售。

图 1-13　状元坊"状元粽"礼盒包装设计（课程作品）

图形应用是产品包装中情感表达的细节,能快速传递信息,引起消费者的情感共鸣。2021年,我们受广州亿珍莱玻璃制品有限公司的委托,进行建党百年油壶礼盒包装设计。我们提取了家喻户晓的元素(天安门、100、华表柱、红丝带、祥云、山峰、烟花、燕子)进行组合设计(见图1-14),从视觉上呈现出庆百年、歌颂祖国山河锦绣、国泰民安的祥瑞感。该设计激发了消费者的爱国情感,从众多油壶礼盒包装中脱颖而出。

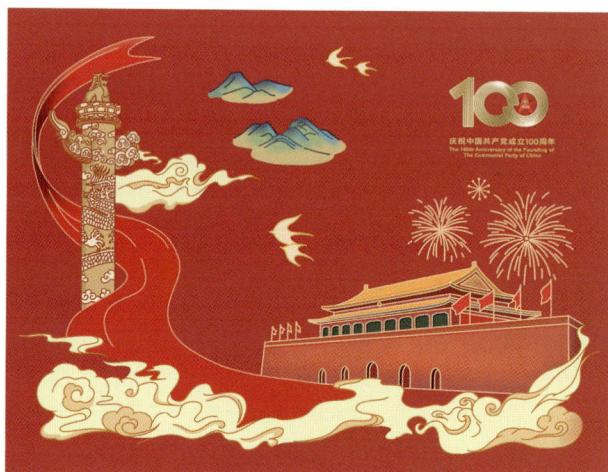

图 1-14　华派建党百年油壶礼盒包装设计（课程作品）

（2）以文化为中心的设计策略:彰显传统文化的案例。

文化遗产与我们共生于这个时代,承载的智慧与情感能让我们快速产生文化共情。一个熟悉的文字能跨越千百年,让我们找到情感的归宿。灯是人们生活中不可缺少的物品,在中华文明的历史长河中,与灯相关的故事不胜枚举。在民间,一盏灯也有很多美好的寓意,代表希望、安全、关心等。在图1-15所示灯包装设计中,我们以图形同构的手法将老百姓喜闻乐见的双喜、福字结合产品灯的造型,迎合大众对美好生活的向往,设计了灯包装独特的视觉符号,具有较高的辨识度与个性。

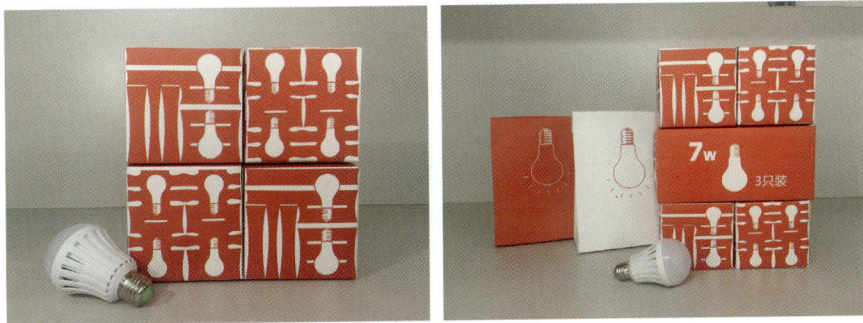

图 1-15　双喜、福字灯包装设计（课程作品）

③以消费者为中心的设计策略：满足消费者心理需求的案例。

《本草纲目》记载，"太和汤，谓沸水"，可以"助阳气，行经络，促发汗"，其中的"汤"指的就是熟水。熟水水性温和、口感柔和，更适合中国人饮用。今麦郎锁定熟水这片蓝海市场，显现出对国民需求的精准洞察力。今麦郎凉白开包装设计由中国知名产品包装设计师潘虎为其量身打造。在潘虎看来，凉白开作为中国的"国民饮品"，承载着国人的生活智慧，传承着国人的亲情观念，是中华民族特有的文化符号。以"红"为媒，凉白开用崭新视觉诠释中国之美，并借由色彩所承载的文化寓意，为品牌赋予更深刻的内涵，如图 1-16 所示。

图 1-16　今麦郎凉白开包装设计

④以消费者为中心的设计策略：趣味化设计的案例。

互联网的普及和移动智能终端的更新迭代，彻底改变了人与商品的连接方式，创造了全新的消费场景。与此同时，消费者的年龄也日趋年轻化，相关数据显示，"90后""00后"已成为消费主力军。个性化、趣味性的包装设计带来的是深刻的印象、不一样的购物体验、竞争力的提升。图 1-17 所示包装设计从年轻消费者的角度出发，选择了小盒鸡蛋包装设计，方便携带，用量合适。产品包装图形以家庭成员的人脸为元素，将人脸的眼睛部位巧妙地设计了镂空，让人更清晰地"看见"产品，让常见的鸡蛋有了不一样的"脸"。

⑤以品牌为中心的设计策略：联名设计的案例。

品牌联名包装设计是指两个或多个品牌合作，共同设计和生产一款产品的包装。品牌联名包装设计借助多个品牌的知名度和影响力，增强产品的市场竞争力，激发消费者的购买欲望，提升产品的销售力，帮助品牌扩大受众群体、吸引新的消费群体。图 1-18 和图 1-19 所示的两款品牌联名包装设计出自潘虎之手，艺术性和商业性的拿捏恰到好处。椰云拿铁推出的第一天卖出 66 万杯，酱香拿铁推出的第一天卖出 542 万杯，这无疑证明了品牌联名的叠加效应。

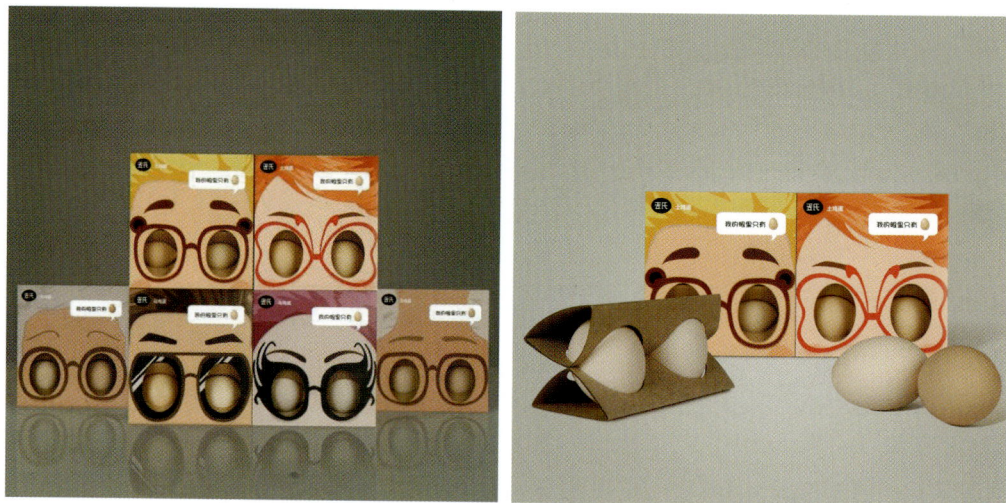

图 1-17 原创山鸡蛋包装设计（课程作品）

图 1-18 椰云拿铁包装设计

图 1-19 酱香拿铁包装设计

第二部分　任务实训

一、任务概述

　　品牌包装策划偏重于包装设计前期的抽象思考工作,强调收集、分析、整理、明确问题、进行策略构思,并将以上成果转化成设计的依据。以培养"策划能力"为导向的策划思维训练,能有效帮助同学们在包装设计技能和个人专业素质两方面取得平衡发展,培养包装策划的系统思维,为包装设计创新夯实基础。优秀的包装设计对促进产品的销售、提升品牌形象有重要作用。只有强化策划能力、巧用营销思维,才能做出更有传达力、商品力、销售力的包装设计。

二、学习目标

　　(1)理解品牌策划与包装设计的内在联系。
　　(2)培养清晰的品牌包装策划创新思维。
　　(3)理解包装策划能力对包装设计的重要作用。

三、实训内容

　　品牌包装策划与构思。

四、建议课时

　　建议课时为4课时。

五、实训方法、材料准备

　　(1)方法:材料分析法、小组讨论法、图表归纳法。
　　(2)准备材料:A4纸、多功能尺、水笔、黑笔、便利贴。

六、项目分组

　　学生任务分配表如表1-6所示。

表1-6　学生任务分配表

小组编号:

项目任务		
组员	姓名/学号	分工
组长	指导老师	

七、任务训练

任务训练电子版　　参考案例 1　　参考案例 2

1. 课前导学

组号：＿＿＿＿＿＿＿　姓名：＿＿＿＿＿＿＿

引导问题：

（1）对广州状元坊食品发展有限公司的调研。

①我们要为状元坊品牌量身策划一份"中国好礼"，首先要了解该公司的企业文化、销售产品的种类、品牌整体的调性与现状，以及与其他同类品牌的差异（网上调研，结合自己的分析理解，用"关键词＋图形"思维导图进行表达）。

②销售产品（网上调研，结合自己的分析理解，用"关键词＋图形"思维导图进行表达）。

③整体调性与现状（网上调研，结合自己的分析理解，用"关键词＋图形"思维导图进行表达）。

（2）同类品牌"中国好礼"产品包装收集。

重要说明：找到 5 个不同品牌的"中国好礼"范例（突出中国文化，设计新颖，品质精良，具有前瞻性、独创性，符合现代审美，功能实用，经济适用的"包装＋产品"设计都可以），完成"中国好礼"产品包装收集表（见表 1–7）。一个品牌图例寻找 3～5 张，能从不同的角度看到设计的视觉、结构、材质、使用等情况，图例请附在表格的下方。

表 1–7　"中国好礼"产品包装收集表

编号		1	2	3	4	5
品牌名称						
品牌理念						
品牌产品						
品牌包装（包装要有特色）	特色、特点					
	创新点					

图例 1：

图例 2：

图例 3：

图例 4：

图例 5：

③通过以上的分析,想一想状元坊品牌"中国好礼"应如何设计？应选择该品牌的什么产品？（用思维导图表达）

2. 课中实践

组号：＿＿＿＿＿＿　姓名：＿＿＿＿＿＿

(1)请从以下选项中选择本次包装设计的主要策略。（　　）

①以商品为中心的设计策略。

②以消费者为中心的设计策略。

③以文化为中心的设计策略。

④以品牌为中心的设计策略。

(2)依据主要策略,寻找状元坊"中国好礼"包装设计参考图。

①视觉风格参考:

②包装结构参考:

③礼品概念参考:

(3)状元坊包装策划。

①请以确定的包装设计策略为指引,依据关键元素——中国文化、状元寓意、广东特产(见图1-20)进行思维发散训练,寻找设计的文化基因,确定策划主题与设计内容。

图1-20　"中国好礼"策划创意关键元素

重要说明:思维发散训练的第一步是找出与关键元素相关的关键字,第二步是确定关键词,第三步是尽可能多地挖掘相关的元素(见图1-21)。

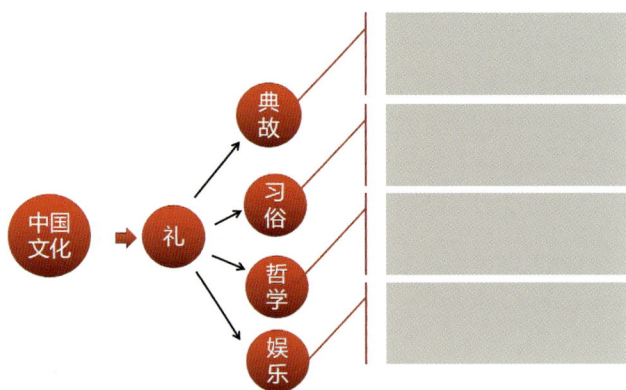

图1-21 发散训练的步骤

②请完成关键元素的思维导图。

中国文化:

状元寓意:

广东特产:

（4）明确关键三元素。

①中国文化元素：（　　）。

②状元寓意元素：（　　）。

③广东特产元素：（　　）。

请手绘意向元素草图。

请明确产品定位，填写表 1-8。

表 1-8　产品定位表

产品定位（计划）	商品定位（市场）	消费定位（策略）
差异性：	产品类型：	消费人群：
性能、特征：	销售类型：	价格：

（5）根据确定的元素，明确状元坊"中国好礼"的包装主题为（　　　　　　　　　　　）。

重要说明：包装主题、关键词一定要与产品的属性相关联，体现产品差异化属性。

例如：牛奶以口感、奶源、时尚、可爱等特性来构思、茶叶以色泽、香气、味道、绿色等特性来构思、喜糖以喜悦、圆满、富贵等特性来构思。

（6）包装主题的创意依据（简短描述）。

3. 课后强化

组号：_____ 姓名：_____

（1）本任务知识小结与巩固提升（重点内容提纲）。

（2）复习模块一的内容，将所学内容绘制成阶段性知识总结图。

第三部分　项目实训计划书模板

后续任务中会使用到项目实训计划书,我们在此对模板进行介绍,供读者参考。

项目实训
计划书

项目实训
计划书的作用

项目名称: _____

组　　　号: _____

组　　　员: _____

日　　　期: _____

地　　　址: _____

联系电话: _____

目录：

一、(　　　　　　　　)包装设计参考图

(1)本次包装设计的主要策略:(　　　　　　　　)。

(2)依据主要策略,寻找(　　　　　)包装设计参考图。

①视觉风格参考:

②包装结构参考:

③礼品概念参考:

二、(　　　　　　　　)包装策划与定位

(1)(　　　　)产品:(　　　　　)。

请明确产品定位。

产品定位（计划）	商品定位（市场）	消费定位（策略）
差异性:	产品类型:	消费人群:
性能、特征:	销售类型:	价格:

(2)包装主题为(　　　　　)。

包装主题的创意依据(简短描述＋草图表达)：

三、(　　　　　)包装设计方案

(1)品牌包装结构选定与创新,定稿。

(2)品牌包装色彩的选定与具体配色方案。

(3)包装主题字体设计定稿。

(4)品牌包装图形创意定稿。

图形设计元素：

图形设计成稿：

四、展开图与效果图

(1)包装展开图排版设计与规范。

(2)品牌包装设计效果图与展示。

五、印刷材料与制作工艺

六、参考报价及制作周期

项目实训计划书
电子版

参考案例1

参考案例2

评价与小结

小组间互评表如表 1-9 所示。

表 1-9　小组间互评表

评价组号：_____　时间：_____

班级			各小组得分情况										
评价指标	评价内容	分数	1	2	3	4	5	6	7	8	9	10
汇报表述	表述准确	15 分										
	语言流畅	10 分										
	准确表达完成情况	15 分										
内容正确度	设计合理，风格统一	30 分										
	信息表达有创意	30 分										
互评总分		100 分										
简要评述												

综合评价表如表 1-10 所示。

表 1-10　综合评价表

组号：_____　综合得分：_____　时间：_____

评分人员	基本素质（20分） 1. 分析能力 2. 整理能力	创意性（30分） 1. 构思能力 2. 文字、手绘表达能力	商业性（50分） 1. 市场研究能力 2. 商品分析能力 3. 设计策略的准确度	总分
专业教师				
企业教师				
技术指导教师				

模块二
品牌包装创意思维训练

本模块我们将完成品牌包装结构选定与创新、品牌包装设计色彩选定与搭配、品牌包装文字信息与字体设计、品牌包装图形创意素材收集与提取、品牌包装图形创意方法与训练五个任务的学习。

学习目标	
知识目标	1. 掌握品牌包装结构的设计方法 2. 强化品牌包装设计色彩的搭配应用能力 3. 掌握品牌包装字体设计的方法 4. 掌握品牌包装图形创意的方法
技能目标	1. 能运用立体思维创新品牌包装结构设计 2. 能运用色彩工具为品牌包装服务 3. 能提炼、凝练品牌包装主题词、关键词 4. 能收集与产品相关的元素提炼成图形再综合创意
素质目标	1. 优化品牌包装结构设计思路 2. 扩容品牌包装色彩的知识储备 3. 提升对品牌包装创意主题的理解力 4. 提升中国文化素养感知力

模块学习小助手：本模块的任务 3 的课中实践中需完成的包装信息整理是帮助我们梳理一个完整的商业包装中有关文字信息的视觉层级关系，一级代表最重要文字(最希望受众第一眼就看到的文字)，依此类推。收集的信息要确保准确、与甲方充分交流后慎重思考决策，如果项目为虚拟项目，则需要组员与指导老师共同探讨决定。该内容在模块三的任务 1 "品牌包装设计展开图排版与规范"任务中起到比较大的决策作用。

任务 1　品牌包装结构选定与创新

📒 | 第一部分　知识准备 |

一、理论概述

　　品牌包装的结构设计对包装整体功能的体现至关重要,需要根据产品特性、目标市场、品牌形象和实际生产条件等因素进行科学合理的设计。包装结构设计应根据包装各部分结构的要求,采用不同的材料和成型方法,对包装的外形结构和内部结构进行科学设计。包装结构设计是包装设计的重要组成部分,其目的是实现包装的基本功能,包括保护商品和方便储存、携带、开启等。优秀的包装结构在满足基本功能以外,还应考虑用料成本及通过新颖的结构来吸引消费者,达到促进销售的目的。

二、重点知识

1. 纸盒结构

纸盒结构图如图 2-1 所示。

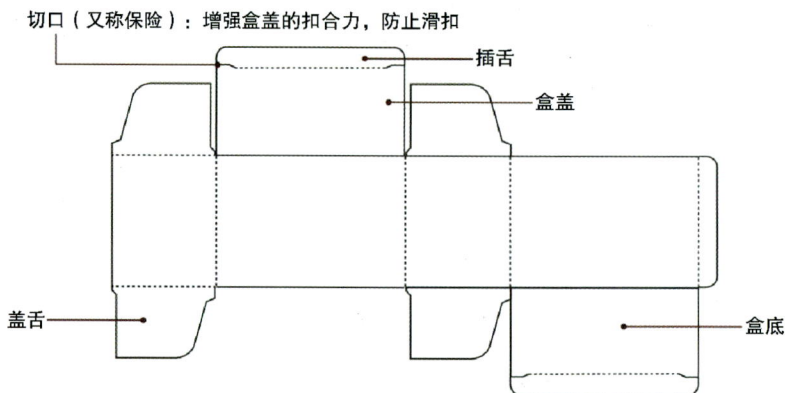

图 2-1　纸盒结构图

纸盒包装结构的主要类型如下。

(1)摇盖式:这是最简单的纸盒包装结构,用途广泛,如图 2-2 所示。

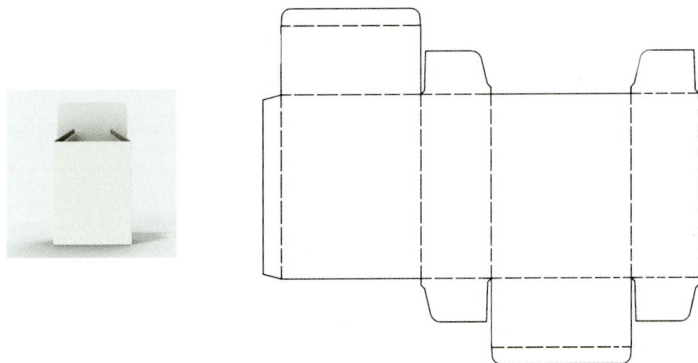

图2-2　摇盖式

② 套盖式：通常用于高档商品和礼盒，如图2-3所示。

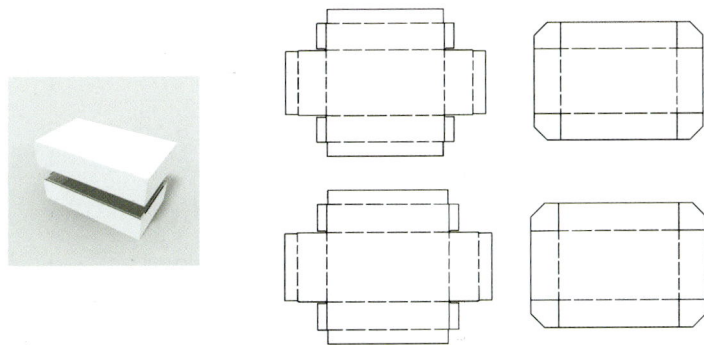

图2-3　套盖式

③ 开窗式：这种结构可以展示商品或内包装，如图2-4所示。

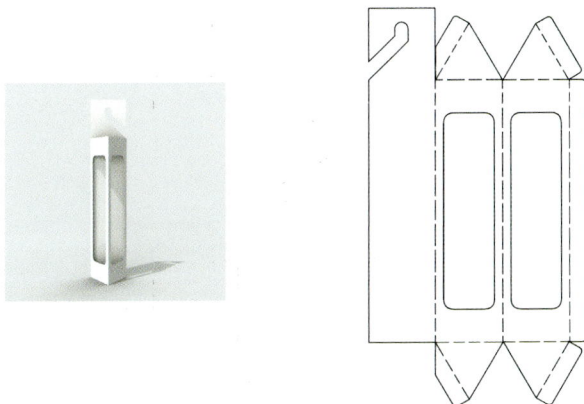

图2-4　开窗式

④ 抽屉式：分为内盒与袖盒两部分，以抽取的方式开合，如图2-5所示。

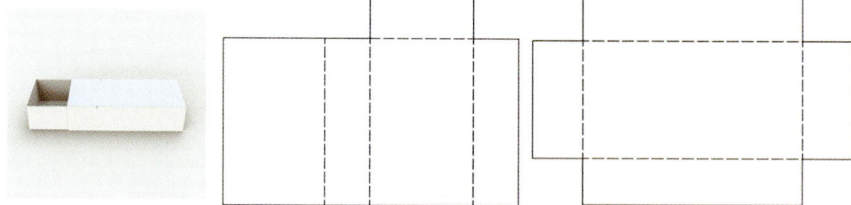

图 2-5　抽屉式

⑤封闭式：这是现代包装的产物，特点是全封闭，如图 2-6 所示。

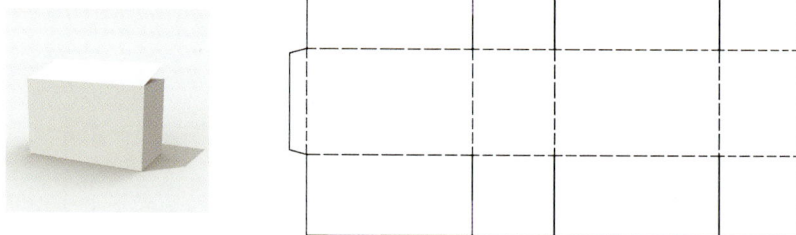

图 2-6　封闭式

⑥异体式：其结构造型具有艺术性和实用性，对盒的边、面、角加以形状、数量、方向的变化等多层次处理，如图 2-7 所示。

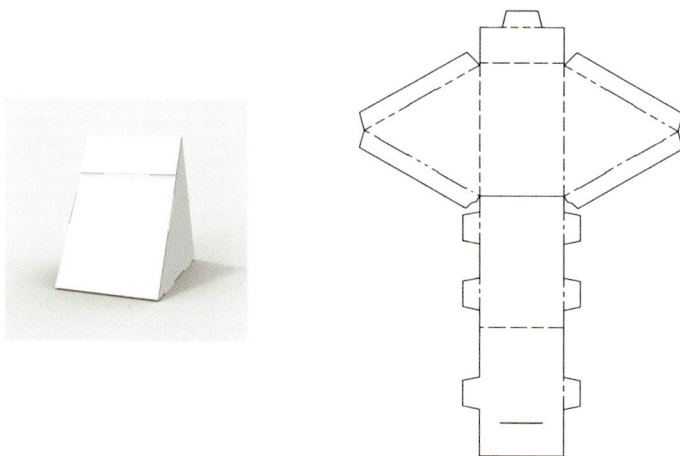

图 2-7　异体式

（7）陈列式：这种结构既可用于广告性陈列，也可充分展示包装物的形态，如图 2-8 所示。

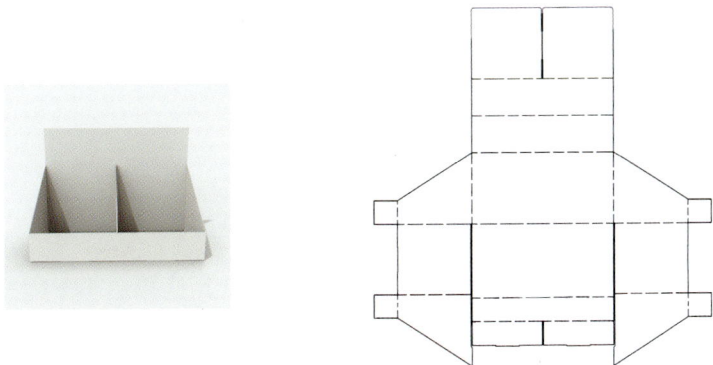

图 2-8　陈列式

（8）提携式：这种结构方便携带，提携部分可以附加，也可以利用盖和侧面的延长相互锁扣而成，如图 2-9 所示。

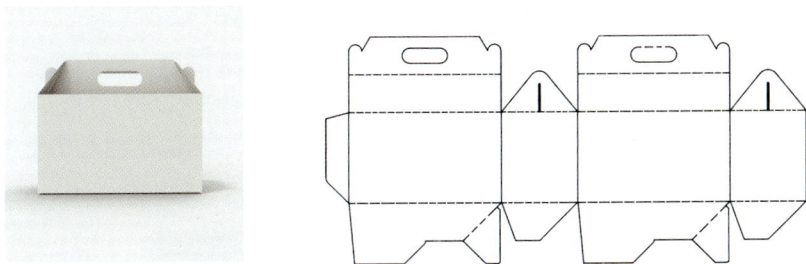

图 2-9　提携式

（9）天地盖式：包边、插锁式，如图 2-10 所示。

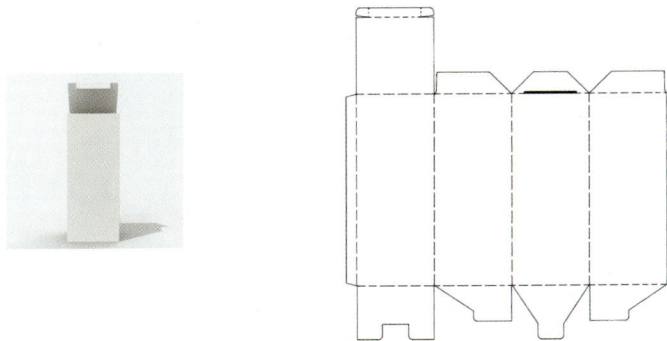

图 2-10　天地盖式

2. 品牌包装结构的功能

品牌包装结构主要有保护性、便携性、创新性、审美性四个方面的功能。品牌包装结构应有效地保护产品，使其在运输和储存过程中不损坏、腐烂或变形。品牌包装结构设计应该注重易用性和便利性,方便消费者开启、储存、携带等。品牌包装结构设计在市场竞争中扮演着重要角色,创新的品牌包装结构设计可以吸引消费者的注意力,提高产品的市场竞争力。例如,品牌包装通过独特的结构激发消费者的好奇心,提高购买的可能性。品牌包装结构设计还应考虑符合人类审美习惯和美学规律。品牌包装结构的多重功能都是为了向消费者提供更好的体验,增加产品的吸引力,提升品牌形象。

3. 品牌包装结构选定与创新的原则

随着经济发展,市场环境逐渐成熟,加上商业销售日益便利,包装产业正在向整体性、系统性发展。包装材料、包装结构日趋多样,我们可以通过互联网及线下包装厂家获取更多资讯与样板,依据品牌包装设计策略选定结构。品牌包装结构设计选定应符合国家相关法律法规,还应考虑产品特性,满足便利性、创新性要求,利于展示和宣传。

三、思政拓展

1. 榫卯结构

榫卯结构(见图2-11)被认为是中式建筑文化的重要标志。榫卯结构的种类繁多,每一种都有其独特的形状和功能。榫卯结构的特点在于不使用钉子或其他类似的零件,而是通过两个构件之间凹凸部位的相互接合,达到稳定和固定的效果。榫卯结构被誉为中国古代建筑和家具制造中的一项杰出成就,代表了中国人的智慧和创造力。榫卯结构是一种巧妙的机械结构,其稳定性依赖于精确的尺寸和形状设计。凸出部分称为榫,凹进部分称为卯。榫和卯的形状和尺寸匹配得当,便能紧密地连接在一起。这种连接方式实现了良好的稳定性和抗震性能,而且外观精美。在中国古代,榫卯结构被广泛应用于大型宫殿、佛塔、家具和玩具等设计中。

图2-11 榫卯结构

2. 客家围屋结构

客家围屋（见图2-12）又称围龙屋，是中华客家文化特色民居建筑。围屋以廊、墙、甬道相连，整个平面结构严谨、交通复杂，但序列分明，空间和院落组织非常丰富，将家、祠、堡三大功能融为一体。客家围屋的设计采用了中原建筑工艺中最先进的抬梁式与穿斗式相结合的技艺，选择丘陵地带或斜坡地段建造，主体结构为"一进三厅两厢一围"。客家围屋的建造需要五年、十年，甚至更长的时间。一间围屋就是一座客家人的巨大城堡。屋内分别建有多间卧室、厨房、大小厅堂以及水井、猪圈、鸡窝、厕所、仓库等生活设施，形成一个自给自足、自得其乐的社会小群体。"天圆地方"的围屋整体上可分为方围、圆围和半圆围三种类型，主要分布在粤北、赣南、闽西这三个地区。它在保留传统建筑特点的同时，也融入了客家人独特的生活方式和文化理念。客家腐竹包装设计参考了客家围屋结构，如图2-13所示。

图2-12　客家围屋

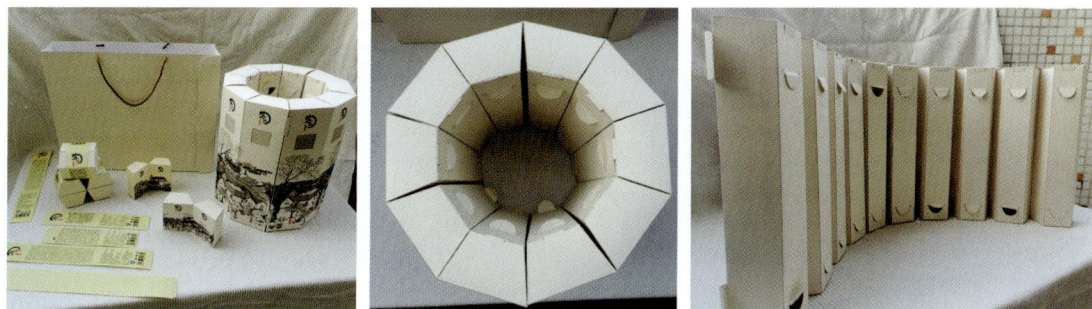

图2-13　客家腐竹包装设计（课程作品）

续图 2-13

四、应用宝库

1. 基础纸盒设计制作的线性符号与牢固方式

包装纸盒的线性符号与牢固方式如图 2-14 所示。

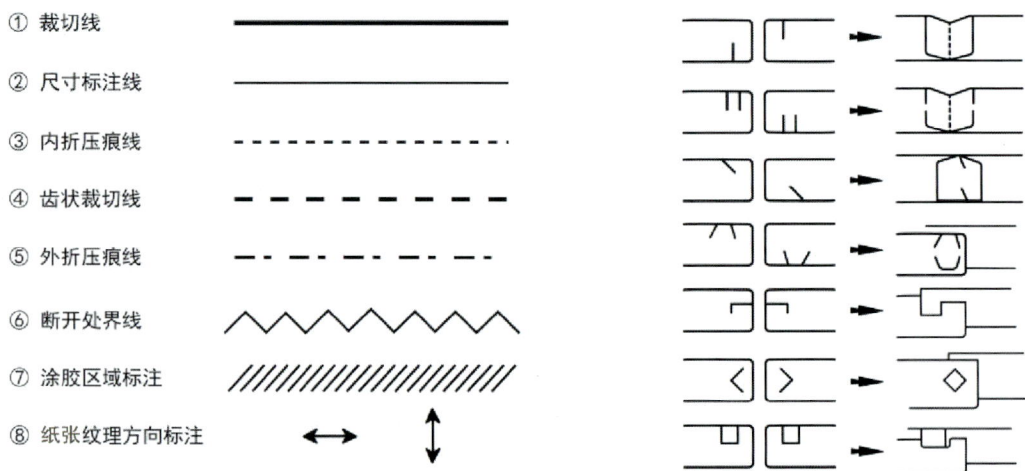

① 裁切线
② 尺寸标注线
③ 内折压痕线
④ 齿状裁切线
⑤ 外折压痕线
⑥ 断开处界线
⑦ 涂胶区域标注
⑧ 纸张纹理方向标注

图 2-14　包装纸盒的线性符号与牢固方式

2. 品牌包装纸盒结构制作思考要点

品牌包装纸盒结构制作思考要点如图 2-15 所示。

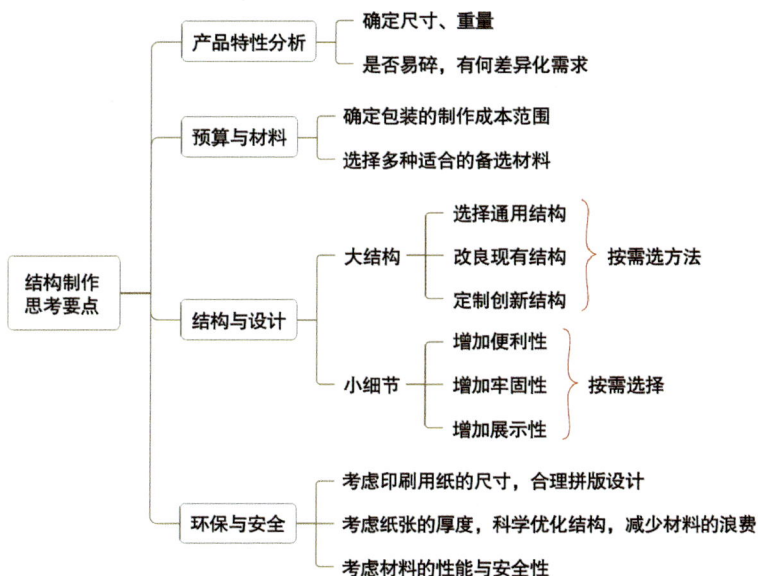

图 2-15　品牌包装纸盒结构制作思考要点

📖 第二部分　任务实训

一、实训概述

　　品牌包装材料主要包括纸、塑料、金属、玻璃等常用材料,造型结构主要包括容器造型和纸盒结构。四种常用的材料都涉及容器造型设计,而纸盒的结构设计几乎全部用纸来实现。本任务训练的内容:广州状元坊食品发展有限公司"中国好礼"包装结构设计,指定为纸盒包装结构,对包装的结构进行选定与创新;通过任务训练,提升品牌包装结构知识的储备,开阔品牌包装结构设计的思路,加强包装设计立体思维能力的训练。

二、学习目标

　　(1)提升品牌包装结构知识的储备。
　　(2)开阔品牌包装结构设计的思路。
　　(3)加强包装设计立体思维能力的训练。

三、实训内容

　　(1)广州状元坊食品发展有限公司"中国好礼"包装设计项目。

②结构选定与创新。

四、建议课时

建议课时为 4 课时。

五、实训方法、材料准备

方法:案例分析法、小组讨论法、图表归纳法。

材料准备:案例准备、笔记本电脑、学生剪刀、厚卡纸、多功能尺、垫板、黑笔、彩色记号笔。

六、项目分组

学生任务分配表如表 2-1 所示。

表 2-1 学生任务分配表

小组编号:

项目任务		
组员	姓名 / 学号	分工
组长		指导老师

七、任务训练

任务训练电子版　参考案例 1　参考案例 2

1. 课前导学

组号:＿＿＿＿＿＿　姓名:＿＿＿＿＿＿

引导问题:

①依据结构参考,结合包装设计风格定位确定包装结构样式(参考图与细节说明,包括外结构、内结构、小包装)。

②结构草图与展开图草图。

2. 课中实践

组号：＿＿＿＿＿＿＿　姓名：＿＿＿＿＿＿＿

（1）结构展开图线稿确认稿（标尺寸）。

（2）结构小样。

（3）结构成型中遇到的问题及改良办法（图文记录）。

（4）检测无误确认稿。

3. 课后强化

组号：_____ 姓名：_____

（1）创意结构包装赏析（收集多款创意结构包装）。

（2）本任务知识小结与巩固提升（重点内容提纲）。

任务 2　品牌包装设计色彩选定与搭配

第一部分　知识导入

一、理论概述

　　品牌包装色彩的功能主要表现在美化产品、识别产品、引导促销等方面。色彩作为包装视觉中的重要元素,具有很强的视觉冲击力。当消费者选购产品时,视觉神经对色彩的反应最敏感,色彩印象是最早进入消费者视觉的。品牌包装设计的色彩在设计中非常重要,它能够创造醒目、有个性的视觉效果,在第一时间吸引消费者的目光,实现商品包装和消费者的良好互动。色彩具有强烈的情感性,能够影响消费者的情感倾向和情感选择,因此,对包装色彩的把握与运用能够直接反映内在物品的某种特性,使商品更能够被消费者接受。色彩是品牌运营中很重要的一个部分,它能确立品牌的定位。设计师选定品牌包装的色彩时,要认真考虑包装设计的色彩运用,必须根据产品的定位、目标市场和消费者偏好来精心设计。要考虑竞争对手所选的颜色,要明确品牌包装色彩定位是融入同类产品,还是从同类产品中脱颖而出,以达到最佳的视觉效果和营销效果。六个核桃饮料包装设计如图 2-16 所示。

图 2-16　六个核桃饮料包装设计

二、重点知识

1. 品牌包装色彩选定与运用原则

品牌包装色彩选定与搭配要遵循商品属性、地域属性、企业形象、设计审美的原则。设计师要依据包装设计策略进行色彩定位,明确与同类产品的色彩异同,确定主色调,根据商品的特点选择合适的色彩。食品包装多用鲜艳、明亮的色彩,如黄色、红色等,以吸引消费者的注意力。药品包装则多用较为冷静、素雅的色彩,如蓝色、绿色等,以体现药品的疗效和安全性。此外,包装设计的色彩搭配也要考虑色彩的组合和对比。色彩的组合要符合美学原则,对比要鲜明且能够产生良好的视觉效果。同时,色彩的运用也要考虑色彩心理学的影响,不同的色彩能够激发不同的心理感受和情绪反应,设计师要根据产品的特点和消费者的心理特征来选择合适的色彩。

2. 品牌包装色彩与品牌的关系

品牌包装色彩与品牌之间有着密切的关系,品牌包装色彩是品牌形象识别和传达的重要元素之一,它能够增强品牌认知度和消费者对品牌的记忆。品牌包装色彩选择应该与品牌的形象和价值观一致,并能够突出品牌的个性和差异化。设计师应该深入了解目标市场和消费者偏好,以及品牌的历史和文化背景,选择最适合品牌的颜色组合,以增强品牌形象和价值。品牌包装色彩与品牌关系主要体现在以下几个方面。

(1)色彩的统一性:品牌包装的色彩应该与品牌的形象一致,形成统一性。比如,可口可乐的红色和雪碧的绿色已经成为品牌的标志性颜色,这种一致性能够增强消费者对品牌的认知度和信任感。

(2)色彩的个性化:品牌包装的色彩应该具有个性化,以突出品牌的独特性和差异化。王老吉的黑罐凉茶(见图2-17)针对年轻人的"五彩斑斓的黑",以黑色为主调,通过色彩个性化引起各界的广泛关注,使品牌在竞争激烈的市场中脱颖而出。

图2-17　王老吉的黑罐凉茶的包装

(3)色彩的情感联系:品牌包装色彩应该与品牌所代表的情感联系起来。比如,中国联通标志(见图2-18)的中国红代表了热情、奔放、活力,水墨黑代表了高贵、稳重、包容;中国邮政标志

（见图 2-19）的绿色象征着和平、青春、茂盛和繁荣。

图 2-18　中国联通标志

图 2-19　中国邮政标志

3. 品牌包装色彩的情绪与心理效应

品牌包装色彩不仅能够传达品牌的信息和价值观，还能够激发消费者的情感和心理暗示。不同的色彩能够引发不同的情绪和心理效应。品牌包装的色彩选择应该与品牌的定位和目标市场一致，以激发消费者的情绪和心理效应，增强品牌认知度和消费者的忠诚度。设计师应该深入了解目标市场和消费者偏好，以及品牌的历史和文化背景，选择最适合品牌的颜色组合，以实现品牌价值的最大化。不同色彩代表的情绪与心理效应如下。

红色：代表热情、活力、吉祥、幸福和激情。
蓝色：代表沉着、和谐、安详、平稳和信任。
绿色：代表生命、生机、自然、希望和轻松。
黄色：代表智慧、创造力、知识、明亮和欢乐。
紫色：代表神秘、优雅、独立、贵族气质和自恋。
灰色：代表沉静、优雅、寂寞、稳重和消极。
白色：代表纯洁、清新、无邪、和平和谦逊。
黑色：代表力量、神秘、稳重、严肃和悲伤。

4. 品牌包装色彩印刷工艺

在印刷术语里，我们经常会听到四色印刷和专色印刷两个词，它们广泛运用在印刷品中。

四色印刷是用 CMYK（青色、品红、黄色、黑色）四色套印出来需要的颜色的印刷工艺。通俗点说，四色印刷就是利用这 4 种颜色的不同叠加得到需要的颜色。颜色有渐变的都是四色套印出来的。四色印刷是用网点叠加出来的，用放大镜可以看到不同颜色的网点（见图 2-20 和图 2-21）。四色印刷工艺套印出的色块，容易因墨层厚度的改变及印刷工艺条件的变化引起色强度改变。网点扩大程度的变化，导致颜色改变。故采用四色印刷工艺套印出的色块，不容易取得墨色均匀的效果。从经济效益的角度考虑，是否采用四色印刷主要看采用专色印刷工艺能否节省套印次数。因为减少套印次数既能节省印刷成本，又能节省印前制作的费用。

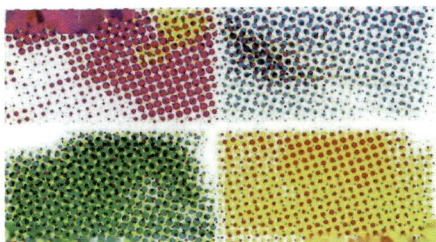

图 2-20　四色印刷

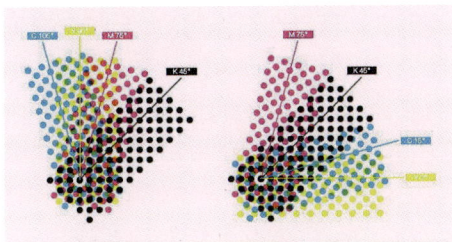

图 2-21　四色印刷示意

专色印刷是指采用黄色、品红、青色、黑色四色墨以外的其他色油墨来复制原稿颜色的印刷工艺。专色色卡如图 2-22 所示。包装印刷中经常采用专色印刷工艺印刷大面积底色。专色印刷是单一色，没有渐变，图案是实地的，用放大镜看不到网点。专色印刷颜色明度较低，饱和度较高；墨色均匀的专色块通常采用实地印刷，并且要适当加大墨量，当版面墨层厚度较大时，墨层厚度的改变对色彩变化的灵敏程度会降低，所以更容易得到墨色均匀、厚实的印刷效果。专色油墨是指一种预先混合好的特定彩色油墨，如荧光黄色、珍珠蓝色、金属金银色油墨等，它不是靠 CMYK 四色叠印出来的，套色意味着准确的颜色。它有三个特点：准确性，每一种套色都有其本身固定的色相，所以它能够保证印刷中颜色的准确性，可以在很大程度上解决颜色传递准确性的问题；实地性，专色一般用实地色定义颜色，无论这种颜色有多浅，都可以给专色加网(tint)，以呈现专色的任意深浅色调；表现色域宽，套色色库中的颜色色域很宽，超过了 RGB 的表现色域，更不用说 CMYK 颜色空间了，所以，有很大一部分颜色是用 CMYK 四色印刷油墨无法呈现的。

图 2-22　专色色卡

三、思政拓展

1. 中国传统文化中五行与五色的关系

五行是中国传统文化中的一种深刻、独特的象征体系。五行指金、木、水、火、土，对应的五色为白、青、黑、红、黄。这五种颜色不仅反映了自然界的基本色调，而且蕴含了丰富的哲学思想和象征意义。五行与五色对应：金对应白色，象征纯洁与高雅；木对应青色，代表生机与活力；水对应黑色，体现深邃与神秘；火对应红色，彰显热情与力量；土对应黄色，传达稳重与丰饶。这种对应关系不仅体现了古人对自然界的细致观察，而且反映了他们对宇宙间万物相生相克、和谐共生的深刻理解。在现代社会中，五行与五色的关系依然具有重要的应用价值，被广泛应用于中医、色彩疗法、食品营养学等多个领域。

中国色彩的独特魅力

2. 中国色彩的独特魅力

中国色彩的独特魅力在于其蕴含的深厚的文化内涵和历史底蕴,以及其独特的审美特点和艺术表现形式。中国色彩是中国传统文化的重要组成部分,也是人类文明发展中的宝贵文化遗产。中国色彩继承了深厚的传统文化基因,以色彩角度展示出中华美学瑰丽的魅力和审美智慧。中国传统色彩名称的意境之美,如桃红、凝脂、缃叶、群青、沉香、鞠衣、松花、魏尘、沧浪、缙云等,都富有深厚的文化内涵和诗情画意。中国色彩受到五行五色哲学思想的影响,将五行(金、木、水、火、土)与五色(白、青、黑、赤、黄)对应,强调五行与五色的关联性和相互影响。这种哲学思想赋予了中国色彩深厚的神秘色彩和象征意义。中国色彩强调自然之美,讲究色彩的自然化和生命的本色。中国画中的山水、花鸟等自然题材,运用色彩的晕染和搭配,表现自然景象的季节变化、晨昏昼夜和阴晴雨雪,充满了自然之美和生命的气息。中国色彩在运用上注重对比与和谐的处理,通过色彩的对比和变化,形成强烈的视觉冲击力和艺术感染力;注重色彩的和谐与协调,使色彩整体效果统一、完整,体现了中国色彩的审美特点和艺术表现力。

四、应用宝库

1. 品牌包装色彩搭配的要点

品牌包装的色彩搭配应该符合品牌形象、吸引消费者的注意力、突出产品特点、符合目标市场和文化背景,同时保持统一协调。设计师应该深入了解目标市场和消费者偏好,以及品牌的历史和文化背景,选择最适合品牌的颜色组合,以实现品牌价值的最大化。品牌包装的色彩搭配是品牌形象识别和传达的重要元素之一。以下是品牌包装色彩搭配的几个要点。

(1)符合品牌形象:品牌包装的色彩应该与品牌的形象相符,能够突出品牌的个性和特点。如果品牌形象是年轻、活力、时尚的,那么可以选择鲜艳、对比强烈的色彩搭配。

(2)吸引消费者的注意力:品牌包装的色彩应吸引消费者的注意力。设计师可运用鲜艳、明亮的色彩搭配,或者对比强烈的色彩搭配,让消费者对产品产生兴趣和好奇心。

(3)突出产品特点:品牌包装的色彩应该能够突出产品的特点,健康食品可选择绿色、蓝色等色彩,美味食品可选择红色、橙色等色彩。

(4)符合目标市场:各国、各民族,由于文化习俗、风土人情、知识信仰、自然环境的不同而形成了不同的色彩喜好。 针对不同的销售区域,品牌包装设计的色彩选择应符合各国、各地区、各民族对色彩的喜爱和禁忌,以提高产品在国际市场中的竞争力。

(5)统一协调:品牌包装的色彩应该保持统一协调,形成品牌的独特风格和形象识别。比如,如果品牌的标志是红色和白色组合,那么在所有产品包装中都应该关联品牌的色调,以保持品牌的一致性和识别度。

(6)独特性:依据品牌包装色彩的定位,色彩也可反其道而行之,使用反常规色彩,让产品包装从同类商品中脱颖而出,这种色彩的处理可使消费者视觉格外敏感,印象更深刻。

2. 色卡的使用方法与作用

色卡是色彩选择、比对、沟通的工具,可在一定范围内帮助实现品牌包装设计颜色的统一。不同行业、不同国家的色卡标准都不一样。色卡标准分为国内标准与国际标准。品牌包装设计与平面印刷相关,可以选择参照国际上广泛应用的 Pantone 色卡(见图 2-23)、RAL 色卡、NCS色卡等。四色印刷色谱如图 2-24 所示。对标准色卡的熟练使用,可提升包装实物预期颜色的准确性。不同品牌的色卡标准受材料、操作技术、硬件限制各有不同；不同的印刷机器输出的色彩与色卡也存在差异。因此，我们在使用色卡比对时，需要了解对应的包装印厂使用的色卡品牌，与印厂进行充分的沟通，再通过以下方法来进行比对。

图 2-23　Pantone 色卡

图 2-24　四色印刷色谱

（1）色号查询：每种色卡都会有对应的色号。制作者会根据不同的原理来定义色号，用户根据色号就可以快速查询色卡的颜色。

（2）实物对比：常用的实物对比方法，就是在标准光源对色灯箱中进行检测，如果没有灯箱，也可以在均匀的自然光下拿产品和色卡进行颜色比较，目视评定的角度最好是 45°。不要在普通的灯光下进行比色，由于光源的影响，很容易导致比色不够准确。

（3）仪器测量：目视评定的结果会受到观察者自身的影响，肉眼能分辨的颜色差别是有范围限制的，如果想要比色的结果更加准确，可以通过精密的分光测色仪来检测。

📖 第二部分　任务实训

一、实训概述

　　品牌包装设计色彩的选定与搭配主要是依据包装设计的策略定位、品牌的整体风格、包装的系列化特点，进行合理的设计。包装色彩的选定和搭配是包装设计中的重要环节，它不仅影响到产品的视觉效果，还能提高产品的市场竞争力，增强品牌形象，进而促进销售。因此，我们要针对产品的属性和消费者群体，合理搭配色彩，以实现最佳的包装设计效果。本任务训练的内容：广州状元坊食品发展有限公司"中国好礼"包装设计的色彩选定与搭配；通过任务训练，提升品牌包装色彩知识的储备，训练品牌包装色彩工具的运用能力，强化包装设计色彩搭配应用能力。

二、学习目标

　　（1）提升品牌包装色彩知识的储备。
　　（2）训练品牌包装色彩工具的运用能力。
　　（3）强化包装设计色彩搭配应用能力。

三、实训内容

广州状元坊食品发展有限公司"中国好礼"包装设计色彩的选定与搭配。

四、建议课时

建议课时为 4 课时。

五、实训方法、材料准备

方法:实物分析法、小组讨论法、图表归纳法。

材料准备:按小组准备一本色卡,整理本组的设计方案、色彩参考资料,准备竞品包装实物(3~5件)、草稿纸、笔、放大镜。

六、项目分组

学生任务分配表如表 2-2 所示。

表 2-2　学生任务分配表

小组编号:_____

项目任务		
组员	姓名 / 学号	分工
组长		指导老师

七、任务训练

任务训练电子版　　参考案例 1　　参考案例 2

1. 课前导学

组号:_____ 姓名:_____

引导问题:

(1)简述品牌包装设计色彩的重要性。

②收集适合食品的色彩运用案例,附图并说明。

2. 课中实践

组号:＿＿＿＿＿＿＿　姓名:＿＿＿＿＿＿＿

(1)色卡使用方法训练,记录色卡使用的过程(方法:测试找出包装实物对应的色卡的色值)。

①案例1(实物图片):

色卡品牌与色值记录:

②案例2(实物图片):

色卡品牌与色值记录:

③案例3(实物图片):

色卡品牌与色值记录:

(2)色彩确认方案(色彩与色值)、色彩备选方案(色彩与色值)。

3. 课后强化

组号：_____ 姓名：_____

（1）从包装色彩设计的角度，说一说你最喜欢的一款包装（图文结合）。

（2）本任务知识小结与巩固提升（重点内容提纲）。

任务3　品牌包装文字信息与字体设计

第一部分　知识导入

一、理论概述

　　文字是包装与消费者进行情感沟通、信息交流的重要工具,文字信息在品牌包装视觉中是不可缺少的部分。品牌包装字体设计既要考虑准确传递信息,又要考虑视觉美感。良好的字体设计与编排能提升品牌价值,展现品牌定位。品牌包装的文字信息主要包含三个方面:主题文字(主题名、产品关键词、促销广告元素);基本文字(商品名称、生产厂家、产地、品牌信息等基本信息);说明文字(主要成分、型号、净含量、容量、用途、注意事项、生产日期、保质期等要素)。主题文字的内容非常重要,是深化品牌理念与呈现包装设计策略的重要因素,为包装整体的视觉风格、图形元素、色彩搭配指明了方向。我们要依据产品功能特性构思确定一个包装主题名,进行字体设计。为更直观地传递信息、发挥信息价值,主题文字一般放在包装主要展示面最醒目的位置。基本文字和说明文字在包装文字信息中占比较大,需要一目了然、合理编排,一般采用标准的印刷字体,放在包装的侧面或者底面。谷滋道饼干包装设计展开图(课程作品)如图2-25所示。

图2-25　谷滋道饼干包装设计展开图 (课程作品)

二、重点知识

1. 品牌包装主题名设定的重要性

依据品牌包装设计策略进行包装主题名的设定，能集中体现产品的特点、特色，能让消费者更快地识别产品，加深品牌印象，激发购买意图。品牌包装的主题字体设计要考虑品牌调性、产品的特性，使之与包装设计整体有机融合。例如，2019 年的端午节恰逢高考前夕，我们为广州状元坊食品发展有限公司设定的端午粽包装主题为"金榜题名，状元粽"（见图 2-26）。"状元粽"是"状元中"的谐音，是细化品牌理念与强调情感共鸣包装设计策略的创意设定，更能引起无数学子及家长的情感共鸣，从而达成促进销售的意图。

图 2-26　状元坊端午粽包装设计　（课程作品）

2. 关键词与促销广告语的重要性

品牌包装设计中的关键词是区别于同类产品的卖点，应依据品牌产品的特点、特色进行分析与提炼。楼兰蜜语品牌的和田大枣包装上就有这样的关键词：红枣之乡、品质严选、肉厚核小、细腻软糯。许多产品包装设计会运用引起消费者情感共鸣的广告语或者带有推销性质的广告语，如"买一送一""优惠套装""乐享中奖"等文字。这些广告词会被安排在醒目的位置。促销广告语是仅次于主题名的重要文字，要注意字体排列的形式美与传达功能。

3. 包装主题字体设计的重点

字体设计是对字体的外形、比例、笔形特征进行整体设计和创新，用多种视觉表现手法来进行个性化表达。包装主题字体设计应考虑创意性、识别性、美感、整体性、稳定性、协调性等方面，如图 2-27 所示。包装主题字体设计从属于包装整体的设计，但又有自己独立的内容，应深化所包装物品的内涵，传递商品独特的信息。商品也会因为主题字体的创意性与同类产品区分开，显得别出心裁，博人眼球，取得更好的销售业绩。

图 2-27　状元坊广州特产包装设计 （课程作品）

4. 品牌包装主题字体类型与风格

在包装设计中,字体的类型和风格是非常重要的设计元素之一,它可以传达产品的或品牌的特定信息和情感,强调产品属性、整体性、统一性。常见的字体类型和风格有以下几种。

（1）中式字体。使用这种字体需要对书法有深刻理解。中国书法主要有楷书、隶书、篆书、草书几大类,富有文化气息。主题文字可依据包装风格选用不同类型的书法字体进行改造设计,从而达到最后理想的效果。

（2）图形字体。在产品包装设计中,图形字体属于最能传情达意的一类字体样式。经过充分思考将产品图形和字体样式融合设计,可以使设计具有指向性,表达出产品的本质特征。图形字体的创意方法包括笔形合一、字图关联、正负形等。

（3）装饰字体。这类字体往往依据包装的风格匹配不同的装饰风格,装饰字体在视觉识别系统中具有美观大方、便于阅读和识别、应用范围广等优点。它是在基本字形的基础上进行装饰、变化加工而成的,其特征是在一定程度上摆脱了印刷字体的字形和笔画的约束,根据品牌或包装产品属性的需要进行设计,达到加强文字的精神含义和感染力的目的。

每种字体都有其独特的特点和适用场景。独特的包装主题字体能更好地传达品牌理念和产品属性,也能让包装设计更有审美力、吸引力及销售力,如图 2-28 所示。

图 2-28　香薰包装设计 （课程作品）

三、思政拓展

1. 中国白酒名称故事

杜康酒是我国历史上的名酒。相传杜康是造酒鼻祖,曹操的《短歌行》中有"何以解忧,唯有杜康"的名句。杜康酒依托两个广为人知的历史人物建立产品的权威性。

白云边酒名字来源于唐代诗人李白的诗歌,相传唐代诗人李白乘船北上,夜泊湖口,借湖光月色,举杯吟诗"南湖秋水夜无烟,耐可乘流直上天,且就洞庭赊月色,将船买酒白云边"。美酒绝句相得益彰,白云边酒因此得名。

2. 汉字的发展与演变

象形文字是由图画文字演化而来的,是最古老的字体。中国文字的主要发展历史,大致经历了甲骨文、金文、小篆、隶书、草书、楷书、行书的演变。中国的象形文字是华夏智慧的结晶,是老祖宗们对原始的描摹实物的记录方式的一种传承,也是最形象的一种文字。中国的文字史最早可以追溯到3000多年前商代的甲骨文。甲骨文既是象形文字又是表音字,是今天能看见的最古老的文字,被认为"汉字"的第一种形式,是当时用来记载占卜吉凶的卜文,如图2-29所示。

中国文字的发展

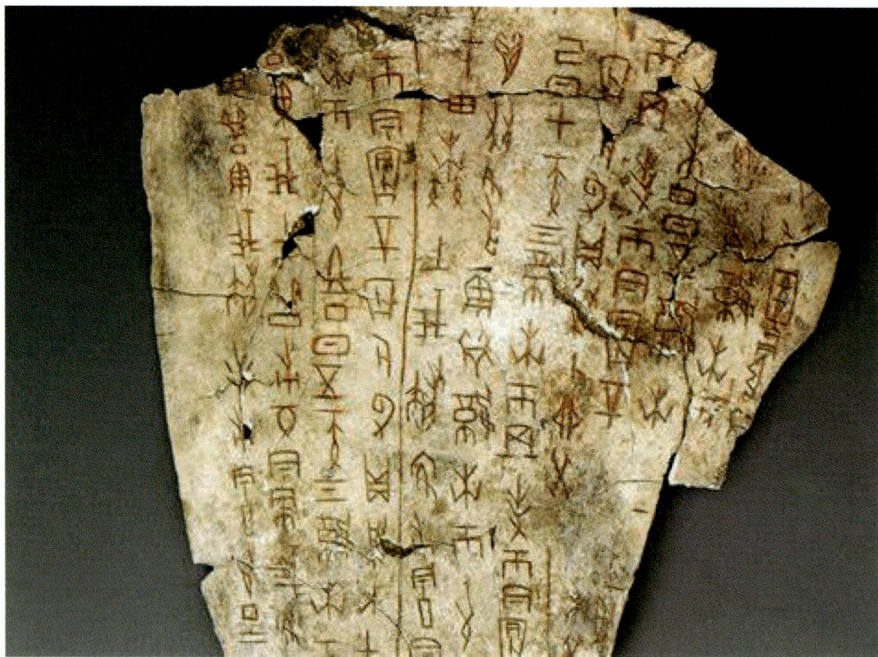

图 2-29　甲骨文

四、应用宝库

1. 包装主题名的构思方法

包装主题名的构思有多种方法。以酒产品为例(见图2-30),运用写实、写意、叙事、寓意、趣味、人名、地名、景名等命名方法归纳了市场上的部分白酒的名称,以供学习。市场上的包装主题名的设定除了图里提到的方法,还有叠词命名法、谐音换字法等。叠词主题名有加强记忆的效果,如娃哈哈、溜溜梅、爽歪歪、碎冰冰、QQ 糖等。谐音主题名有巧思妙用的点题效果,如"榛"好吃、"面面"俱到、"饺"个朋友、吃"堡"了吗、"包"你满意、学会看"蛋"、大智若"鱼"等。

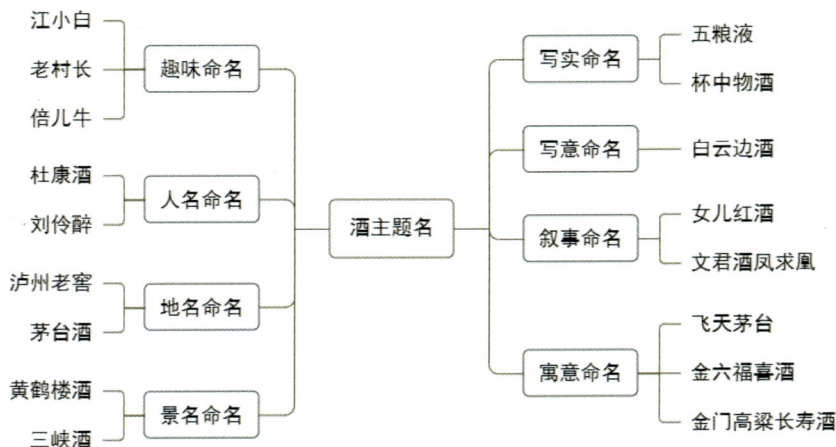

图 2-30   白酒产品名称

2. 包装主题字体设计的方法

包装主题字体设计的方法如表 2-3 所示。

表 2-3   包装主题字体设计的方法

风格类型	风格关键词	具体方法
中式字体	动势	连笔法、共用法、叠加法、印章法、断笔法、浓淡法、干湿法、疏密法、刚柔法
图形字体	趣味	笔形合一法、适形法、底图法、字图关联法、正负形法、笔画特意法、象征法
装饰字体	细节	切割法、添加法、藏笔法、打散法、重组法、局部改造法、风格艺术法

包装主题字体风格如下。

(1)笔形合一法,如图 2-31 所示。

图 2-31   笔形合一法

②字图关联法，如图 2-32 所示。

图 2-32　字图关联法

③正负形法，如图 2-33 所示。

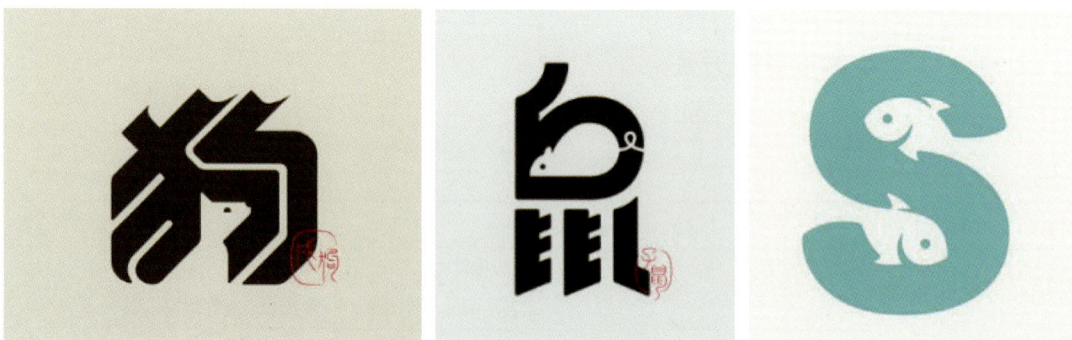

图 2-33　正负形法

④适形法，如图 2-34 所示。

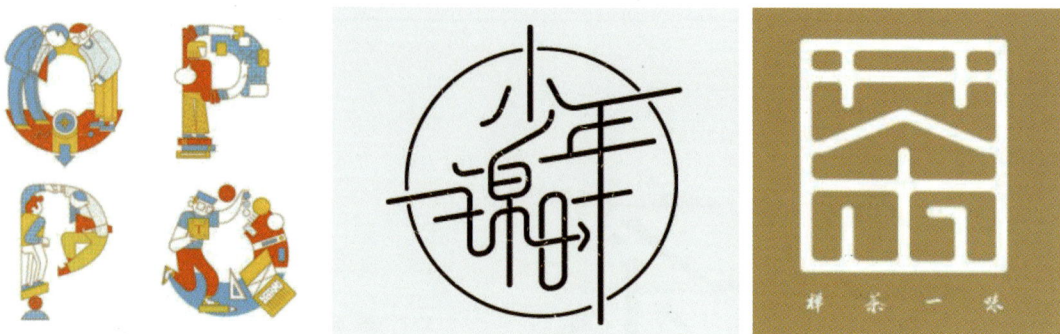

图 2-34　适形法

⑤连笔法，如图 2-35 所示。

图 2-35　连笔法

（6）藏笔法，如图 2-36 所示。

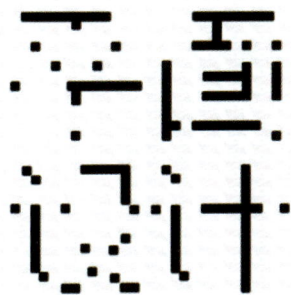

图 2-36　藏笔法

（7）断笔法，如图 2-37 所示。

图 2-37　断笔法

第二部分　任务实训

一、实训概述

本任务主要完成包装相关文字的三项内容：包装主题字体设计；提炼产品关键词、广告语；收集整理包装产品信息、功能文字。在包装主题字体创意构思过程中，充分考虑模块一任务 3 中项目实训计划书中确定的风格定位、包装策略定位、产品分析、包装主题进行字体创意设计，依据包装主题字体设计的方法完成包装主题字体设计，依据产品分析与包装策略定位提取关键词、设计广告语，整理与产品品牌、产品信息相关的文字资料，并梳理文字资料中各项内容在包装视觉中的层级关系。

二、学习目标

(1)理解品牌包装主题字体设计的重要性。
(2)梳理清晰品牌包装主题创意思维。
(3)训练包装主题创意字体设计。

三、实训内容

(1)包装主题字体设计。
(2)提炼产品关键词、广告语。
(3)收集整理包装产品信息、功能文字。

四、建议课时

建议课时为 4 课时。

五、实训方法、材料准备

方法：字体范例收集、思维发散训练。
材料准备：电脑、A4 纸、多功能尺、水笔等。

六、项目分组

学生任务分配表如表 2-4 所示。

表 2-4　学生任务分配表

小组编号：

项目任务		
组员	姓名 / 学号	分工
组长	指导老师	

七、任务训练

1. 课前导学

任务训练电子版　参考案例1　参考案例2

课前准备：找到 20 个包装主题字体设计的案例，收集图片，分析该字体的优缺点。将图片附在本任务最后的空白处。

组号：＿＿＿＿＿＿＿　姓名：＿＿＿＿＿＿＿

引导问题：

（1）思考主题字体在产品包装设计中的重要性，用自己的话说一说。

②找到一款最符合自己的包装主题与调性的字体设计。

①参考字体：

②依据参考图画包装主题字体草图：

2. 课中实践

组号：_____ 姓名：_____

(1) 包装主题字体设计。

①草图：

①终稿(1 个)：

(2) 关键词、广告语确定。

③包装信息整理。

①主要展示面。

一级：

二级：

三级：

②信息详情面。

一级：

二级：

三级：

3. 课后强化

组号:＿＿＿＿＿＿＿＿＿ 姓名:＿＿＿＿＿＿＿＿＿

（1）主题字体创意设计深化。

（2）本任务知识小结与巩固提升（重点内容提纲）。

任务4　品牌包装图形创意素材收集与提取

📖 第一部分　知识导入

一、理论概述

　　品牌包装图形创意素材收集是指通过收集、整理和保存各种与品牌、产品相关的图形、文字、音频等素材,在需要时提供参考和灵感的过程,有助于设计师提供更好的包装设计方案来满足客户的需求。素材收集可以发挥以下几个作用:提供灵感和创意,激发设计师的想象力,并为设计提供新的思路和方向;提供借鉴和参考,设计师可以通过研究和分析不同类型的包装设计作品,学习优秀的设计技巧、布局和配色方案等,为自己的设计提供借鉴和参考;丰富设计创意和表现形式,素材收集可丰富包装图形创意的元素与表现形式。设计师可以从素材库中挑选出适合的元素、图形和色彩,将其巧妙地融入创意,有利于拓展包装设计的内涵与外延。素材收集可以帮助设计师了解同类产品的最新动态,更好地应对客户的需求,提升专业素养。

二、重点知识

1. 品牌包装图形创意素材收集的重要性

　　品牌包装图形创意素材收集通过素材的收集、观察、研究和分析,激发灵感。创意素材的收集可以为设计师提供更多的选择和可能性,丰富设计作品的内容和形式,从而使设计师产生独特的创意思路。设计师通过收集和整理相关联的创意素材,快速建立对品牌、产品的认知。合理地运用设计原理对素材进行提取、加工、再创意,可以提高设计质量和工作效率。品牌包装图形创意素材收集具有重要意义,它能使包装设计更有创新性、独特性和吸引力。

2. 品牌包装图形创意素材收集的作用

　　品牌包装图形创意素材收集是为包装图形创意设计做准备工作。设计师在包装图形创意素材的收集过程中,能够快速认识品牌理念、发现产品特色,建立设计师与品牌、产品的联系,形成立体思考,以此展开更高效的设计,为品牌商创造独特的视觉力促进销售。当消费者面对未知的产品时,多数购买行为取决于品牌包装设计,因此,品牌包装图形创意素材收集具有重要的意义。

3. 品牌包装图形创意素材的收集范围

　　品牌包装图形创意素材的收集范围很广,设计师可以根据产品的特点、目标消费者、市场定位等因素来确定具体的收集范围。包装图形创意素材的收集可涵盖多方面:品牌形象方面,通过收集品牌的 IP、logo、辅助元素等图形创意的素材,可彰显品牌个性;产品形象方面,通过收集产品的特点、形态、色彩和质感等素材,可增强图形创意中的产品特性;功能场景方面,通过收集产品在使用中的场景,如食品的配料、烹饪方法等,能增强图形创意中产品功能的解说能力;

文化元素方面,通过收集传统节日、地方特色等文化元素,能增强图形创意的地域性和文化性;创意设计方面,通过收集各类相关的创意素材,能开阔图形创新的视域,启发更多的创意灵感。

4.品牌包装图形创意素材的提取思路

品牌包装图形创意素材的提取思路如表2-5所示。

表2-5　品牌包装图形创意素材的提取思路

编号	1	2	3	4
提取思路	调研法	收集法	拍摄法	延伸法
具体内容	品牌、产品销售渠道,同类产品信息,受众消费心理	品牌视觉形象系统资料、网络书籍相关资料、产品特点价值信息资料	产品实物、生产环境、产地环境	文化、理念、习俗、价值观
具体方法	1.学习与参考同类产品的包装创意图形 2.以产品的高清拍摄图为设计元素 3.以产品的主要成分为设计元素 4.根据产品的原产地提炼设计元素 5.根据品牌调性提炼设计元素 6.根据产品的功效或用途提炼设计元素 7.以品牌的标志或者辅助图形为设计元素 8.以品牌吉祥物为设计元素 9.以主要消费对象为设计元素 10.以产品为设计元素 11.以产品的生产过程为设计元素 12.以品牌或产品故事为设计元素 13.根据产品的属性提炼设计元素 14.以与产品直接相关的东西为设计元素			

三、思政拓展

1.诗意的设计

诗意的设计是强调中式意境的设计,如写作时,描写风要描写树的弯曲程度、灰尘等。在我国古代宋朝,画画也是朝廷选拔人才的途径。朝廷曾出题,把"踏花归去马蹄香"描绘的内容画出来,有人画的是手里捏着一只花,有人画的是马蹄上粘着花瓣,唯独有一位画的是有几只蝴蝶飞舞在奔走的马蹄周围,当时宋徽宗看了大为赞赏,封为头筹,这幅画的妙处就在于意境深远,通过围绕在马蹄周围的蝴蝶,使无形的花香跃然纸上,令人感到香气扑鼻。

2.中国传统吉祥图案的类型

中国传统吉祥图案一般包括以下几种类型。

福禄寿喜:以福、禄、寿、喜为题材,表达祝福和喜庆的意思,常见的图案包括蝙蝠、鹿、寿星等。

祥瑞动物:以龙、凤、麒麟等祥瑞动物为题材,表达吉祥和瑞气的意思,常见的图案包括龙凤呈祥、麒麟送子等。

植物花卉:以花卉、草木为题材,表达美好和吉祥的意思,常见的图案包括牡丹、莲花、菊花等。

文字图案:以吉祥语、祝福语等为题材,表达祝福和吉祥的意思,常见的图案包括"福""寿""喜"等。

人物神仙:以古代神话传说中的人物和神仙为题材,表达吉祥和祝福的意思,常见的图案包括八仙、财神、观音等。

复合图案:以多种题材和元素相结合,表达吉祥和祝福的意思,常见的图案包括龙凤呈祥、八仙过海等。

这些类型只是一部分,中国传统吉祥图案的题材和形式非常丰富。

四、应用宝库

1. 品牌包装产品摄影技法

品牌包装产品有不同的摄影技法,如图 2-38 所示。

图 2-38　品牌包装产品摄影技法

(1)光源:选择合适的光源是产品拍摄的关键,通常使用自然光或专业的摄影灯光。摄影灯光可以提供更加准确和灵活的光线,但需要掌握灯位的设置和光线的调整技巧。

(2)拍摄角度:选择适当的拍摄角度可以突出产品的特点,如从正面拍摄可以突出产品的高度和尺寸。

(3)构图:运用构图技巧,如对齐、对称、分割和引导线等,来吸引消费者的注意力,使产品在画面中更加突出和显眼。

(4)细节:拍摄产品细节可以展示其材质和工艺,如产品的质地、纹理、颜色和标志。

2. 品牌包装图形提取的方法

设计师应依据品牌包装策划与构思确定的主题方向来进行包装图形的提取。以"粤香千里"状元坊包装（见表 2-6）为例，介绍提取方法。（案例作者：林锐峰、陈稻香、黄丽平、李秀凤。）

表 2-6   "粤香千里"状元坊包装图形创意素材收集

包装主题	"粤香千里"
确定收集的具体内容	文化、特点、寓意
确定收集的具体方法	延伸法
收集相关图片素材	
图片素材的速写	

续表

附加项：图片素材的扩充	挑选速写中的元素为母图进行发散联想，将草图记录下来

📙 第二部分　任务实训

一、实训概述

　　本任务主要完成与包装图形创意相关的素材的收集与提取。依据包装设计策略，分析产品特点，在充分挖掘设计元素的同时激发创意灵感，将复杂的设计需求化繁为简、兼容并蓄；通过完成本任务设定的内容，对设计思维进行训练，提升系统思维能力，更深层次地理解包装与品牌的关系、包装与产品的关系、包装与受众的关系，为设计关联品牌、关联产品、打动受众的包装图形创意做进一步的准备。

二、学习目标

　　(1)理解品牌包装图形创意素材收集与提取的重要性。
　　(2)训练品牌包装图形创意素材收集与提取的系统思维。
　　(3)梳理品牌包装图形创意素材收集与提取的方法。

三、实训内容

　　(1)品牌包装图形创意素材收集与提取的系统思维训练。
　　(2)品牌包装图形创意素材收集的方法与途径。
　　(3)品牌包装图形创意素材提取的方法与技巧。

四、建议课时

　　建议课时为 4 课时。

五、实训方法、材料准备

　　方法：素材收集、系统思维训练。
　　材料准备：电脑、摄影工具、A4 纸、笔、品牌调研材料、包装产品材料等。

六、项目分组

学生任务分配表如表 2-7 所示。

表 2-7　学生任务分配表

小组编号：

项目任务		
组员	姓名/学号	分工
组长		指导老师

七、任务训练

1. 课前导学

组号：_____　姓名：_____

任务训练电子版　　参考案例 1　　参考案例 2

引导问题：

（1）依据包装设计策略类型，分析产品特点，确定元素图收集的范围（思维导图）（具体方法参考表 2-2）。

（2）收集与包装产品信息相关的图形元素（20+ 图片）。

2. 课中实践

组号:＿＿＿＿＿＿　姓名:＿＿＿＿＿＿

将收集的元素图片进行创意提取,填表 2-8。

表 2-8　创意提取表

包装主题	
确定收集的具体内容	
确定收集的具体方法	
收集相关图片素材	
图片素材的速写	
附加项：图片素材的扩充	挑选速写中的元素为母图进行发散联想，将草图记录下来

3. 课后强化

组号：＿＿＿＿＿＿＿ 姓名：＿＿＿＿＿＿＿

（1）同类品牌包装图形创意参考。

（2）本任务知识小结与巩固提升（重点内容提纲）。

任务5　品牌包装图形创意方法与训练

第一部分　知识导入

一、理论概述

　　图形和文字是包装设计要素中非常重要的部分,图文互补、相得益彰。创新的品牌包装图形在传播上更具优势,能更直观地产生视觉效应,在数秒内吸引受众的注意力。关联产品的包装图形创意,是品牌文化在包装上的信息载体,能突破地域文字交流的障碍,更准确生动地传递信息,增添品牌包装的审美趣味与设计内涵。品牌包装图形创意应紧扣包装设计策略,图形创作风格应该与品牌包装个性相符。优秀的品牌包装图形设计能吸引消费者,使消费者感受到商品独到的创意,从而产生购买热情。品牌包装的图形设计对于品牌的发展至关重要,缺乏好的图形设计会影响企业的形象和产品销售。特别是在竞争激烈的市场环境中,独特且富有吸引力的品牌包装图形设计可以帮助企业在竞争中获得优势。

二、重点知识

1. 品牌包装图形创意的重要性

　　品牌包装的图形创意对于品牌的发展至关重要,它能提升企业的形象和产品销售力。在竞争激烈的市场环境中,独特且富有吸引力的品牌包装图形能帮助企业在竞争中获得优势,具有非常重要的地位。包装的图形创意是与产品相关联的独特构思,通过图形语言与消费者建立联系,传达品牌产品的信息。品牌包装的图形创意要反映产品的定位与特点,赋予产品个性,区别于同类产品,使产品从同类产品中脱颖而出。在包装设计策略指导下完成的原创图形创意,能够更好地彰显品牌个性、传播品牌理念,可在数秒内通过独特的视觉图形帮助消费者与品牌产品建立联系,打动消费者或引起消费动机。

2. 品牌包装图形创意的构思要点

　　品牌包装图形创意要牢记其品牌理念代言者的角色定义,要做到准确传达产品信息,展现包装产品的特点、特色,抓住关键信息,吸引消费者。在创意方面,要求"意料之外,情理之中",通过视觉刺激来吸引消费者的注意力;在内容方面,依据视觉表达信息的主次关系,安排好内容,要清楚"对谁说""说什么""怎么说";在设计法则方面,要综合考虑消费者的阅读感受、审美情趣等,最终达成目标集中、层次分明、重点突出的图形观感。

3. 品牌包装原创图形的作用

　　品牌包装原创图形对于品牌建设具有重要的意义。原创图形能够提高品牌的辨识度。独特的图形设计能使企业的产品从同类产品中脱颖而出,给消费者留下深刻的印象。原创图形能够增强品牌的吸引力,促进销售。如果品牌能够通过独特的图形设计传达出其品牌理念和特点,就能与消费者建立更深的联系。

总体来说,原创图形是品牌包装中不可或缺的一部分,对于品牌的辨识度、吸引力和理念推广都有重要影响。

4. 品牌包装图形的风格与类型

品牌包装图形的风格与类型如图 2-39 所示。

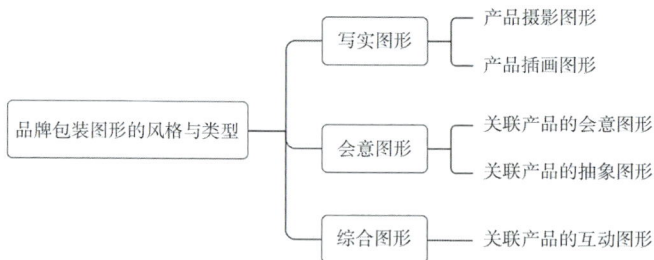

图 2-39　品牌包装图形的风格与类型

三、思政拓展

1. 鹰嘴金瑞兽

鹰嘴金瑞兽(见图 2-40)是国家一级文物,现收藏于陕西省历史博物馆,是镇馆之宝。金瑞兽体似羊、嘴似鹰、角似鹿、蝎形尾。它头生双角,偶蹄,大耳环眼,眼珠凸出,耳竖立。同时,它的两只抵角是由 16 只两两身相连、背相对的小鸟组成,蝎形的尾巴也是一只小鸟的样子,小小的金瑞兽身上竟隐藏着 17 只小鸟。它通身及四肢上部饰凸云纹,颈脑部饰鬃纹,双角及钩喙饰凸楞纹,造型奇特,雕工考究,体现了极高的工艺水平。

中国传统创意
——鹰嘴金瑞兽

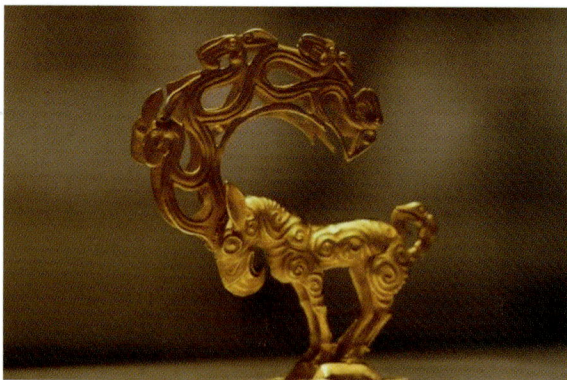

图 2-40　鹰嘴金瑞兽

2. 品牌包装图形分层制作的重要性

品牌包装图形分层制作可以更好地区分线条、色彩和背景元素,在后期修改和编辑时可以方便地找到想编辑的部分,而不会影响到其他相关元素。通过分层制作,设计师可以更好地掌控整个画面的各个区域,更加高效地进行绘制。特别是在制作效果图或者宣传动图时,分层制作可以提高整个制作过程的效率,可以让线稿的每一层都有独特的色彩渲染,从而使整个画面更加丰富多样,形成良好的视觉效果。分层制作可以方便和高效地完成线稿的绘制任务,可更加自由、便捷和精确地掌控作品的各层次元素。

四、应用宝库

1. 品牌包装图形创意素材运用路径

品牌包装图形创意素材运用路径如图 2-41 所示。

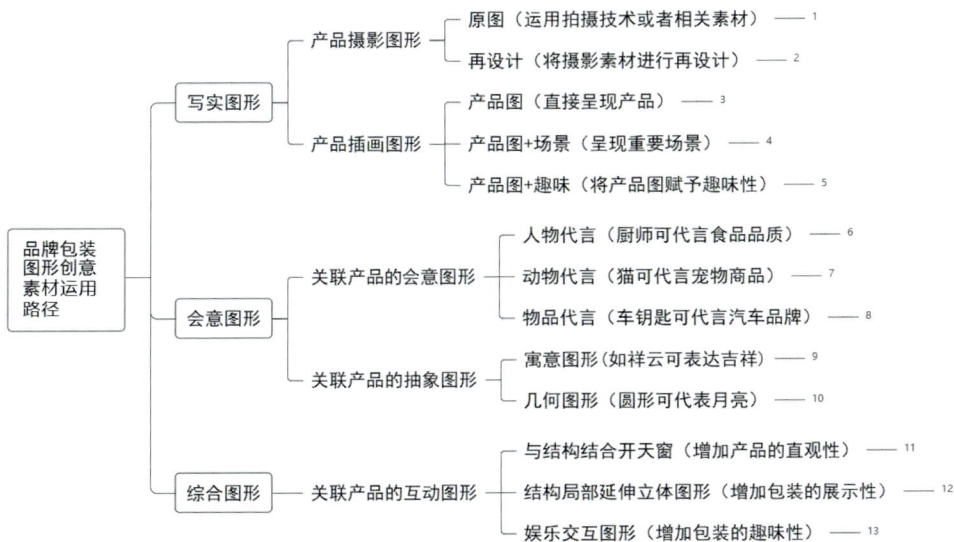

```
                                         ┌─ 原图(运用拍摄技术或者相关素材）—— 1
                          ┌─ 产品摄影图形 ─┤
                          │               └─ 再设计(将摄影素材进行再设计）—— 2
             ┌─ 写实图形 ─┤               ┌─ 产品图(直接呈现产品）—— 3
             │            │               │
             │            └─ 产品插画图形 ─┼─ 产品图+场景(呈现重要场景）—— 4
             │                            └─ 产品图+趣味(将产品图赋予趣味性）—— 5
             │                            ┌─ 人物代言(厨师可代言食品品质）—— 6
品牌包装      │            ┌─ 关联产品的会意图形 ─┼─ 动物代言(猫可代言宠物商品）—— 7
图形创意 ─────┼─ 会意图形 ─┤               └─ 物品代言(车钥匙可代言汽车品牌）—— 8
素材运用      │            │               ┌─ 寓意图形(如祥云可表达吉祥）—— 9
路径          │            └─ 关联产品的抽象图形 ─┤
             │                            └─ 几何图形(圆形可代表月亮）—— 10
             │                            ┌─ 与结构结合开天窗(增加产品的直观性）—— 11
             └─ 综合图形 ─── 关联产品的互动图形 ─┼─ 结构局部延伸立体图形(增加包装的展示性）—— 12
                                          └─ 娱乐交互图形(增加包装的趣味性）—— 13
```

图 2-41　品牌包装图形创意素材运用路径

2. 品牌包装图形创意方法

品牌包装图形创意方法很多,以下介绍十种不同的构思方法。

(1)同构创意。

图形同构是通过元素的重新整合形成新的事物,产生意想不到的视觉效果。图形同构从空间上而言,可以减少画面空间,从而使画面变得更紧凑,具有整体性;从形式而言,能够让多种不相干的事物合理地组合在一起,使形式产生新奇感。在状元坊品牌"粤香千里"的这款特产礼盒包装设计中,我们以广州最具代表性的建筑和风景作为元素同构成状元帽的样式,图形极具特色,富有创意,能给消费者留下较深的地域及品牌印象,如图 2-42 所示。

品牌包装图形创意的方法

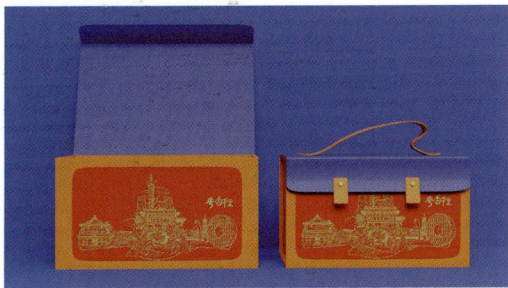

图 2-42　状元坊包装设计 (课程作品)

（2）解构创意。

图形解构是把一个完整的事物或元素形象，通过打散、分解、残像、裂像、切割、重组等形式来组织图形，通过"解"的部分让人产生联想、思考，从而领悟图形内涵与设计主题。图 2-43 所示为果汁包装设计，图形创意直观地表达出产品的内容，通过解构一杯果汁的成分元素，巧妙地传达了果汁的属性与新鲜感。

图 2-43　果汁包装设计

（3）超现实创意。

超现实图形可以使人在自由联想中激发潜意识中的思维意象，从而创造出新颖、震撼的视觉意象。这种包装图形的表现手法摒弃了固化陈旧的思维，使图形能够在"有形和无形""有限和无限"之间游走穿梭，可依据设计策略创造和表现产品的可塑性。ABJuice 系列果汁产品包装（见图 2-44 和图 2-45）用超现实的场景，让画面更富有想象力，使食物和自然生态组合碰出新的火花，使消费者可以清晰地理解到提取物的成分是果实和花朵（香料）。

图 2-44　ABJuice 系列果汁产品包装局部

图 2-45　ABJuice 系列果汁产品包装

（4）夸张创意。

在包装图形设计创作中，夸张是对事物某方面刻意夸大或缩小的一种艺术渲染手法，主要是为了表达强烈的思想感情或突出事物的特征。夸张的表达手法能增强图形的幽默感和趣味性，它经常采用"言过其实"的方法，突变事物的本质，强调、扩展画面中形象的主要特征，或是打破现实的物与物之间特定的比例关系，通过一种反常规、反正常比例的关系表现，形成鲜明对比，体现出夸张的感染力，如图 2-46 所示。

图 2-46　夸张创意设计

（5）比拟创意。

包装中的比拟图形将产品动物化，赋予产品某些动物特征，具有鲜明的艺术效果。 在包装图形创意设计中,设计师常运用融合、结构添加、变形、组合等手段,塑造图形特殊的视觉传播力和心理感染力。CS Electric 的灯具包装图形设计采用比拟的创意方法,分别用萤火虫、蜻蜓、蜜蜂等不同的昆虫代表不同形状的 LED 灯泡,如图 2-47 所示。

（6）象征创意。

包装中的象征图形创意,是借助某一具体事物的外在特征,寄寓产品内涵的手法。设计师通过巧妙设计,使消费者产生由此及彼的联想,从而领悟到产品的某种品质。Brigaderia 巧克力包装采用了象征图形创意表达,使用复古的雕刻风格的图案,每款都配有跳跃的色彩,复古而不呆板,在视觉叙事上看起来很舒适,让人联想到与产品相关的某种美好记忆,如图2-48所示。

（7）矛盾空间创意。

矛盾空间的图形创意,通常利用视点的转换和交替,在二维的平面上表现三维的立体形态,但在三维立体的形态中显现出模棱两可的视觉效果,造成空间的混乱,形成介于二维和三维之间的矛盾空间的视觉感受。图 2-49 所示的酒包装标签的图形设计就采用了这种表达方式。

图 2-47　CS Electric 的灯具包装图形设计

图 2-48　Brigaderia 巧克力包装

图 2-49　酒包装标签的图形设计

（8）聚集创意。

聚集图形创意是使某种设计元素重复出现，加强视觉效果，表达设计理念。在包装图形创意中，设计师借助聚集的形式将产品的成分或者某些特质元素重复使用形成整体视觉。图2-50 所示的产品成分的聚集极具视觉冲击力，强化了图形的产品含义，给消费者留下深刻的印象。

图 2-50　产品成分的聚集

（9）正负形创意。

正负形图形在平面空间中相辅相成，我们将形体本身称为正形（也称为图），将其周围的"空白"称为负形（也称为底）。这种艺术的表达会给人以幻觉感，产生独特的魅力。在可优比纸巾包装设计中，设计师用正负形图形创意呈现视觉效果，渐变融合企鹅繁衍、成长的每一个阶段，利用循环的历程，使各个阶段视觉元素之间形成重复、渐变的关系，保持企鹅的憨萌可爱，用视觉变化传递企鹅的这份幸福，如图 2-51 所示。

图 2-51　可优比纸巾包装设计

（10）仿生创意。

自然界中的生物为包装图形设计提供了宝贵的素材，能使包装具有自然的和谐性、生动性和趣味性，而且能给消费者带来轻松的感觉。图 2-52 所示的辣椒酱包装设计中的辣椒格外醒目，配合仿真造型的容器盖子，使辣椒酱的原材料活灵活现，辨识度极强。

图 2-52　辣椒酱包装设计

第二部分　任务实训

一、实训概述

本任务是进行品牌包装图形创意设计，要紧扣品牌包装创意策略，参考收集的图形素材，运用图形创意方法，进行系统思考，使最终完成的包装图形能吸引消费者，使消费者感受到商品独到的创意，从而产生购买热情。在运用这些图形创意方法时要考虑关联产品的要素及运用路径，以及消费人群的类型、社会的伦理与品行要素。

二、学习目标

（1）理解品牌包装图形创意的重要性。

（2）训练品牌包装图形创意的系统思维。

（3）强化品牌包装图形创意的设计能力。

三、实训内容

(1)品牌包装图形创意系统思维训练。

(2)品牌包装图形创意素材转化训练。

(3)品牌包装图形创意方法拓展训练。

四、建议课时

建议课时为 8 课时。

五、实训方法、材料准备

方法:案例讲解、系统思维训练。

材料准备:电脑、创意素材收集资料、A4 纸、笔、品牌策划书、包装图形创意参考等。

六、项目分组

学生任务分配表如表 2–9 所示。

表 2-9　学生任务分配表

小组编号:

项目任务		
组员	姓名 / 学号	分工
组长		指导老师	

七、任务训练

任务训练电子版　参考案例 1　参考案例 2

1. 课前导学

组号:_____　姓名:_____

引导问题:

(1)依据包装设计策略类型,确定图形风格类型,在括号内 √。

①写实图形(产品写实具象图形或者摄影图形)。(　　)

②会意图形(关联产品的意境图形或者抽象图形)。(　　)

③综合图形(与结构结合或者多种表现手法的创新图形)。(　　)

(2)1+N 包装图形创意,确定包装图形创意的创作类型,填表 2–10。

图 2-10 包装图形创意表

设计元素 （挑选任务 7 提取的元素）	素材运用路径		图形创作类型	选定（√）
	参考品牌包装图形创意素材运用路径图，选择路径序号（可多选） 1（　） 2（　） 3（　） 4（　） 5（　） 6（　） 7（　） 8（　） 9（　） 10（　） 11（　） 12（　） 13（　） 其他（　）	1	同构	
		2	解构	
		3	超现实	
		4	夸张	
		5	比拟	
		6	象征	
		7	矛盾空间	
		8	聚集	
		9	正负形	
		10	仿生	
		11	其他（　）	

参考图或新增创意变化备注：

2. 课中实践

组号：_____　　姓名：_____

（1）包装图形创意意向草图与构思说明。

（2）包装图形创意过程记录。

③包装图形创意定稿。

3. 课后强化

组号：_____ 姓名：_____

（1）包装图形创意过程可视化总结图。

（2）本任务知识小结与巩固提升（重点内容提纲）。

评价与小结

小组间互评表如表 2-11 所示。

表 2-11　小组间互评表

评价组号：_____ 时间：_____

班级			各小组得分情况										
评价指标	评价内容	分数	1	2	3	4	5	6	7	8	9	10
创意设计	结构选定	10 分										
	色彩选定	10 分										
	主题名与字体设计	25 分										
	图形创意	25 分										
内容正确度	整体统一，符合设计策略	15 分										
	设计细节完善，信息准确	15 分										
	互评总分	100 分										
简要评述												

综合评价表如表 2-12 所示。

表 2-12　综合评价表

组号：_____ 综合得分：_____ 时间：_____

评分人员	基本素质（20 分） 1. 软件操作能力 2. 图文编排能力 3. 文案素养	创意性（40 分） 1. 设计统筹能力 2. 独特性 3. 素材加工能力	商业性（40 分） 1. 产品包装的准确性 2. 包装的商品营销力 3. 包装设计策略的贯穿性	总分
专业教师				
企业教师				
技术指导教师				

模块三

品牌包装输出规范

本模块我们将完成品牌包装设计展开图排版与规范、品牌包装印刷技术与工艺认知两个任务的学习。

学习目标	
知识目标	1. 强化品牌包装展开图排版的规范意识 2. 强化品牌包装印刷工艺的认知与运用能力
技能目标	1. 能运用品牌包装展开图的排版方法 2. 能运用不同的包装印刷工艺
素质目标	1. 提升品牌包装展开图排版的审美力 2. 培养中国文化素养

模块学习小助手:在进行排版设计时,我们要综合图形、文字(主题、关键词、广告语、产品信息、品牌信息)、色彩、结构、包装盒材料来考量(参考项目实训计划书中收录的设计任务的各部分成果),基于实用性、审美性,将所有涉及的元素分层级排版,做到主次分明、主体突出、设计新颖规范。包装盒上的综合文字信息较多,在排版的时候可以将模块二的任务3中的课中实践中完成的包装信息整理作为参考与指引。

任务1　品牌包装设计展开图排版与规范

第一部分　知识准备

一、理论概述

　　排版是包装设计展开图的一部分,它主要涉及如何将不同的元素(如与品牌相关的信息文字、标识符号、视觉图形、色彩等)有机地组合在一起。它需要设计师具有良好的文字排版能力和视觉平衡感。在排版过程中,设计师要充分考虑每个元素的形状、大小、颜色,以及彼此之间的关系,以确保信息的清晰传达和视觉效果的和谐统一。在品牌包装排版设计过程中,设计师需要遵循一系列规则和标准(包括字体大小的限制、颜色搭配、图像要求、标签格式等),确保设计的统一性和专业性。总体来说,品牌包装设计展开图排版与规范旨在创造一个清晰、统一和有吸引力的包装设计,以促进产品的销售和品牌的传播。设计师只有充分理解品牌和产品的需求,具备良好的创意、执行能力,才能创造出优秀的包装设计。

二、重点知识

1. 品牌包装设计展开图排版的功能

　　品牌包装设计展开图排版非常重要,所涵盖的信息量丰富繁杂,包括与品牌相关的信息文字、标识符号、视觉图形、色彩等,设计师需从混杂的信息中找出条理。优秀的排版设计能在确保信息准确、突出产品特色的同时,给消费者以流畅的阅读感,加深重要的产品记忆点,提升包装的整体美感,达到激励消费者消费的目标。

2. 品牌包装设计展开图排版的立体思维

　　品牌包装设计展开图排版的立体思维是指在设计过程中,考虑到包装在三维空间中的表现和与消费者互动的方式,创造出更加吸引人和有趣的设计,在考虑包装的美感和功能的同时,也考虑消费体验的互动性。设计师可以从立体思维的角度着重考虑包装设计展开图排版的这几个方面:①包装展示面信息分类安排;②包装局部的展示功能优化设计;③包装信息的交互设计。设计师在设计时,一定要理解包装的立体结构,要能合理地安排主要展示面及次要展示面的信息文字、标识符号、视觉图形、色彩等内容,要合理展现产品的特色、特点,还要考虑通过独特的设计优化包装局部的展示功能,充分用好数字化资源,在排版设计中适当运用扫码的方式传播企业理念与产品故事。

品牌包装设计展开图
排版具体方法

3. 品牌包装设计展开图排版的设计原则与作用

　　品牌包装设计展开图排版的设计原则与作用如表 3-1 所示。

表 3-1　品牌包装设计展开图排版的设计原则与作用

原则	注意事项	作用
明确性原则	根据产品的特点和品牌的理念来制定排版策略，明确产品信息，确保信息排列的布局合理并符合逻辑性	让消费者轻松地获取信息并理解产品
统一性原则	与品牌的形象和风格保持一致，排版风格和目标市场匹配	确保品牌的统一性和整体性
吸引力原则	可使用创新性的布局、色彩和图形元素来增加视觉效果，排版应与产品的特点和使用场景协调	排版更具张力，更能吸引消费者关注
简洁性原则	排版应简洁明了，避免过于复杂和混乱，可精选设计的元素和颜色，并确保所有的设计元素都与产品信息关联	提升设计的吸引力和易识别性

4. 品牌包装设计展开图排版的设计风格

品牌包装设计展开图排版的设计风格如表 3-2 所示。

表 3-2　品牌包装设计展开图排版的设计风格

风格类型	表现形式	注意事项
极简风格	追求简约，注重版面的留白和精简	整体版面应注重突出品牌和产品的名称、特点，版面风格应该与品牌调性匹配，同时要考虑到目标市场的需求；设计师应该根据不同的需求和场景选择合适的风格，以达到最佳的视觉效果和品牌传达效果
极繁风格	与极简相反，注重复杂的图文效果	
复古风格	注重传统元素和历史感，常采用复古的字体和装饰图案，强调寓意	
波普风格	拼贴，强调夸张、明亮的色彩，具有强烈的视觉冲击力	
立体主义风格	以几何图形和抽象形态为基础，多视角表现	
自然风格	注重自然元素和清新感，常采用自然元素和清新的色彩，强调品牌的自然和环保	

三、思政拓展

1. 中国古代从右至左的阅读方式

古人读书时，右手执笔，左手执简，写满一张竹简后，便将竹简放在右边，依次放好，所以书写方式是从右向左。因此，在不需要标明的情况下，读书时自然从右向左。这与竹简的放置方式有关。古人将竹简按照顺序放置，左手用于扶持竹简，右手用于执笔书写。由于左手的职责是扶持竹简，将竹简放在左边更便于左手的操作，这就是中国古代阅读方式从右向左的原因。

2. 中国画里的留白艺术

中国画中的留白艺术不仅能营造出画面的空间感，而且能突出主题，增强作品的意境和感染力。留白在画面中起到调节比例和布局的作用。通过合理地安排虚实关系，留白能够形成鲜明的对比，使画面中的物象更加突出。从版面设计的角度来看，留白手法可以使画面更加简洁、清晰,增强视觉冲击力,激发受众的想象力,给受众足够的想象空间,使受众能够参与画面的构建,使作品更加富有意境和深度。留白还可以平衡画面的构图。在一些中国画中,画家会采用留白来调节画面节奏和韵律,使画面更加和谐统一。中国画中的留白艺术是一种极富特色的设计手法。通过合理地运用留白,画家可以创造出富有意境和感染力的作品,使画面更加生动、有趣。这种设计理念对于当今的版面设计仍然具有很大的启示和借鉴意义。

四、应用宝库

1. 包装设计师如何提升立体思维

提升立体思维需要不断练习和学习,不断探索和创新,交流合作。提升立体思维非常重要,因为立体思维能够帮助设计师更好地理解三维空间中的包装设计,从而创造出更加吸引人和实用的包装。以下是一些提升立体思维的方法。

(1)建模练习:使用计算机辅助设计软件(CAD)或手工建模技术,创建包装的立体模型。可以帮助设计师更好地理解包装在三维空间中的形态和结构,提高设计师对立体空间的感觉。

(2)观察实物:观察实际的包装和产品,理解它们在立体空间中的构造和设计原理。可以帮助设计师培养对立体空间的感知和理解能力。

(3)立体思考:在设计过程中,尝试从多个角度思考包装在立体空间中的表现和功能,如思考如何通过改变包装的形状、大小、开合方式等来提高产品的保护、储存和展示等方面的功能。

(4)逆向思考:研究已经上市的包装,分析它们在立体空间中的设计和构造。可以帮助设计师理解消费者如何使用和互动包装,从而改进自己的设计。

(5)合作交流:与其他设计师、工程师、产品开发者等合作交流,共同探讨和改进包装设计。不同的专业背景和经验可以提供不同的观点和启示,帮助设计师拓展立体思维的广度和深度。

2. 包装版面设计营造视觉节奏的方法

包装版面设计是包装设计的重要组成部分,良好的版面设计能够营造出视觉节奏,使包装更具吸引力和美观性。营造包装版面的视觉节奏需要综合考虑布局、色彩、文字、图形和空间等元素,通过巧妙地组合和搭配来达到最佳的视觉效果;还需要根据产品的特点和目标市场的需求来制订合适的版面设计策略,使包装更具吸引力和美观性。

(1)合理的布局:在包装版面设计中,合理的布局是营造视觉节奏的重要手段。设计师可以将版面中的元素按照一定的规律排列,创造出一种节奏感,如采用对称、对比、均衡等手法使版面中的元素形成和谐统一的整体。

(2)色彩的运用:色彩是包装版面设计中非常重要的元素。设计师可以通过合理的色彩搭配营造出独特的视觉效果。在营造视觉节奏时,设计师可以通过色彩的对比、渐变、调和等方式来达到目的,如通过运用冷暖色对比、明暗对比等手法来增强版面的节奏感。

(3)文字的编排:文字是包装版面设计中的主体元素,巧妙的文字编排是营造视觉节奏的重要手段。通过巧妙的文字编排,设计师可以使版面更加生动、有趣,如采用不同的字体、字号、字距来创造出一种节奏感。

(4)图形的运用:图形是包装版面设计中的重要元素。设计师通过运用不同类型的图形,创造出不同的视觉效果。在营造视觉节奏时,设计师可以通过图形的对比、重复、交替等手法来达到目的,如运用点、线、面的构成来创造出一种节奏感。

（5）空间的运用：在包装版面设计中，空间的运用也是营造视觉节奏的重要手段。设计师可以运用留白、对称、对比等手法来创造出一种节奏感。例如，在版面设计中，适当运用留白手法可以使版面更加简洁、大气，增强产品的品牌感。

极简风格排版设计如图 3-1 所示。

图 3-1　极简风格排版设计

极繁风格排版设计如图 3-2 所示。

图 3-2　极繁风格排版设计

复古风格排版设计如图 3-3 所示。

波普风格排版设计如图 3-4 所示。

立体主义风格排版设计如图 3-5 所示。

图 3-3　复古风格排版设计

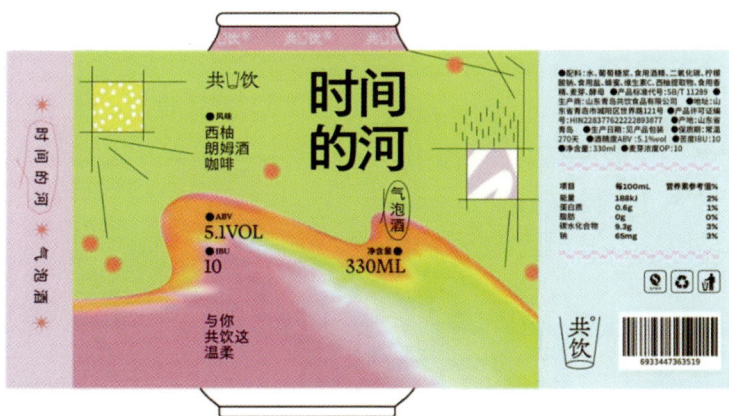

图 3-4　波普风格排版设计

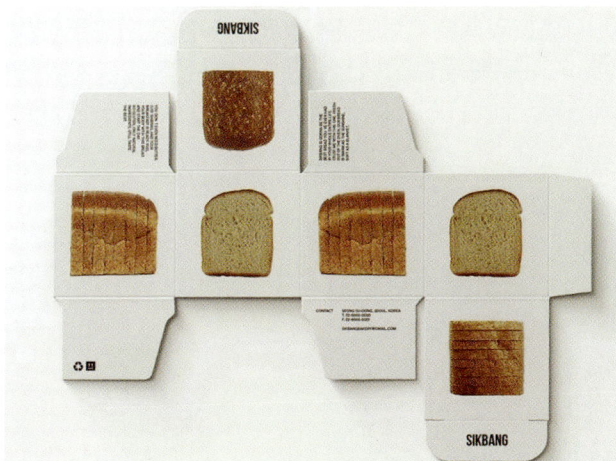

图 3-5　立体主义风格排版设计

自然风格排版设计如图 3-6 所示。

图 3-6　自然风格排版设计

📖 |第二部分　任务实训|

一、实训概述

　　在进行品牌包装设计展开图排版与规范任务实训时,设计师要整理好前面所学的所有关于状元坊"中国好礼"包装设计的要素,并依据品牌的整体风格、包装的系列化特点进行合理的、规范的版面设计。一个好的包装设计版面编排需要主题明确、布局合理、色彩搭配协调、字体选择得当、细节处理精致,能够吸引消费者的注意力,同时能够突出产品的属性和品牌特色。本任务训练的内容:广州状元坊食品发展有限公司的"中国好礼"包装设计展开图排版与规范。通过任务训练,提升品牌包装设计展开图排版审美力,训练品牌包装设计展开图排版能力,强化包装设计展开图排版规范意识。

二、学习目标

　　(1)提升品牌包装设计展开图排版审美力。
　　(2)训练品牌包装设计展开图排版能力。
　　(3)强化包装设计展开图排版规范意识。

三、实训内容

　　广州状元坊食品发展有限公司的"中国好礼"包装设计展开图排版与规范。

四、建议课时

建议课时为 4 课时。

五、实训方法、材料准备

方法：整理好已设计好的图形、文字、符号等信息，运用设计软件进行排版的练习。

材料准备：包装排版参考资料、笔记本电脑、草稿纸、笔。

六、项目分组

学生任务分配表如表 3-3 所示。

表 3-3　学生任务分配表

小组编号：

项目任务		
组员	姓名 / 学号	分工
组长		指导老师

七、任务训练

任务训练电子版　参考案例 1　参考案例 2

1. 课前导学

组号：＿＿＿＿＿＿＿＿　姓名：＿＿＿＿＿＿＿＿

引导问题：

(1) 简述品牌包装设计展开图排版与规范的重要性。

（空白填写框）

(2) 收集适合参考的展开图排版案例，附图并说明。

（空白填写框）

2. 课中实践

组号:＿＿＿＿＿＿＿＿＿＿ 姓名:＿＿＿＿＿＿＿＿＿＿＿

包装设计展开图排版实训。

(1) 展开图线稿整理:

(2) 展开图排版设计策略(风格)与草图:

(3) 展开图排版设计定稿(电子版):

3. 课后强化

组号:_____　姓名:_____

（1）展开图案例收集（5 个）。

（2）本任务知识小结与巩固提升（重点内容提纲）。

任务2　品牌包装印刷技术与工艺认知

📖 第一部分　知识准备

一、理论概述

　　包装印刷是现代印刷工艺中的重要环节,主要涉及印前、印刷和印后三大工序。包装设计与印刷技术和工艺密不可分,包装材料的选择、包装印刷工艺的流程和特种工艺的应用都离不开印刷的工序。包装设计与印刷工艺巧妙融合,能增强产品的鲜明特性,激励销售。高颜值的包装能给消费者留下较好的第一印象,包装印刷的品质也能间接影响消费者对产品品质的判断。随着印刷工艺的不断发展和进步,在包装设计中应用的印刷工艺也趋于多元化,如铝箔纸印刷、铁皮印刷、塑胶软片印刷、软管印刷、立体印刷、磁性印刷、浮雕印刷和凹凸压印等。包装设计和印刷工艺的结合是一种视觉作品的创作,集触觉和视觉审美于一体。印刷工艺在包装设计中的应用越来越广泛,两者紧密联系、相辅相成。

二、重点知识

1. 现代印刷的种类

　　真正意义上的现代印刷是指具有图稿、印版、印刷机、承印物和墨料五种要素的图文复制技术。学习和了解印刷的种类,不但有助于区分各种印刷技术的特点,分辨印刷品的各种技术表现特征,还有助于对印刷市场进行全面、整体的认知。

　　凸版印刷:印版图文部分高于空白部分,印刷时在印版上涂布油墨,空白处较低,不黏附油墨,印刷时使承印物与印版直接接触受压,使版面油墨转移到承印物上得到印刷成品,如图3-7所示。以前的活字印刷就是凸版印刷。

图3-7　凸版印刷工艺图

凹版印刷:印版图文处以不同深度的凹入版面来表现原稿图像的不同层次,空白部分处于同一版面上,印刷时凹处油墨转移到承印物上,使承印物上获得图文,如图3-8所示。邮票、钞票都使用了这种印刷方式。

图3-8　凹版印刷工艺图

丝网印刷(见图3-9)也称为丝印、网印。丝网布是使用最多的孔版材料,因此丝网印刷成为孔版印刷的代名词。丝网印刷适合用于需要呈现特殊效果的印件,数量不大而墨色浓厚的尤为适宜。丝网印刷除了印刷纸张外,也可以在布、夹板、塑胶片、金属片、玻璃、电路板等上施印,还可以在方形盒、箱,圆形樽、罐等上施印。

图3-9　丝网印刷工艺图

平版印刷(见图3-10)又称胶印、柯式印刷、间接印刷,是指印版上的图文部分和空白部分几乎在同一平面内的印刷方式。平版印刷利用水油互不相溶原理,使图文部分具有抗水性、亲油性,使空白部分具有亲水性。在印刷时,先上水,使空白部分吸水而形成抗油墨的水膜层,防止图文部分吸水;后上墨,空白部分因先吸水而不吸墨,图文部分因先未吸水而吸墨形成油墨层,从而达到水墨平行;最后再通过橡皮布将图文转移到承印物上完成印刷。

图3-10　平版印刷工艺图

2. 包装印刷工艺介绍

包装印刷工艺是指用于制造包装容器和在产品包装过程中所施行的各种印刷工艺,主要包括以下几种。不同的包装印刷工艺具有不同的特点和使用范围,可以根据实际需要进行选择和使用。

覆膜:此工艺常用于定制印刷品,通过在印刷品表面覆盖一层薄膜来保护和美化印刷品。

烫印:用于印制 logo 或图案的一种工艺,能起到突出和装饰的作用。

上光:在图文印刷完成后,用实地印版或图文印版再印一次或两次上光油,经流平、干燥、压光、固化后,使印刷品表面获得光亮透明的膜层,从而增强印刷品的平滑度,起到保护和美化的作用。

凹凸压印:对印刷品表面进行整饰加工的一种工艺,使用凹凸模具,在一定的压力作用下,使印刷品基材发生塑性变形,产生艺术加工效果。

UV 局部上光:局部印刷上光油后利用 UV 烘干的一种上光工艺,能使印刷品表面具有凸起质感。

击凸:通过机械作用施加超过印刷品材料弹性极限的压力,在承印物表面留下图形的工艺,强调设计的某个部位。

压纹:通过压纹处理后的印刷品表面呈现出深浅不同的艺术纹理,具有明显的浮雕立体感,能提高产品的档次。

烫金:设计中大量运用的工艺之一,适用性广,烫金效果突出,常用在 logo 等突出图案上。

压印:通过模板在皮革的表面形成具有凹凸感的压痕工艺,具备一定的标识作用。

刷边:对印刷品侧面、侧边进行加工的印后工艺,以纸张的侧边线为加工目标,突出印刷品的整体修饰效果。

模切:用模切刀和压线刀在同一个模板内对形状进行加工的工艺,使印刷包装以立体和曲线呈现。

3. 包装印刷注意事项

包装印刷注意事项如表 3-4 所示。

表 3-4　包装印刷注意事项

注意事项	具体内容	扩展内容
包装设计展开图	源文件检查、尺寸检查、分辨率检查、图形是否嵌入、文字是否需要转曲、色彩是否转成印刷油墨的格式、字体是否已核查无误并分类编组等	和印厂沟通,了解印刷设备和工艺,完善印刷所需文件格式和排版方式,选择所需的印刷颜色数量。印刷颜色数量越少,印刷成本就越低
法规核查	包装设计、包装印刷、字体信息、图形图标、包装容积、包装材料的具体要求等	参看最新的包装法规
材料与工艺	确定印刷材料,了解承印物尺寸,考虑是否需要进行设计稿拼版,确定包装盒局部工艺的类型	熟悉常规材料、常用工艺
打样确认	与委托方、承印方确认包装设计的细节与品质,为批量印刷生产做好准备工作	样品需进行包装检验、压力测试、品质控制,了解相应的印刷成本

4. 包装印刷工业发展趋势

随着云计算、大数据和移动互联技术渗透到印刷生产的信息链和产品链，特别是在实现从中国制造向中国创造、中国速度向中国质量、中国产品向中国品牌的转变中，印刷工业不断吸收与创新 IT 技术来实现印刷企业高效、绿色、精细生产，推动印刷企业从加工、制造向服务的转型升级。在数据处理方面，印刷企业开始应用条形码、二维码、AR（增强现实）、RFID（无线射频标签）等方式来建立印刷产品与物联网、数据可视化以及移动互联 APP 应用的数据关联，力图使印刷产品成为移动互联时代具有智能化特性的产品。在系统平台方面，印刷企业通过云计算、大数据来建立自身的生产平台、运营平台、数据资源平台和用户服务管理平台，逐步实现在印刷服务中保持与用户之间无缝的数据连接和信息传递，特别是实现高效绿色清洁生产以及移动互联智能化管控。在应用软件方面，印刷企业通过建立印刷数字化生产流程、智能移动业务 APP、ERP 软件以及各种创新 APP 应用，让用户精准了解业务状态、品质状态和物流状态，同时在印刷媒体上应用 AR、VR（虚拟现实）等可视化技术实现媒体融合的新应用，如纸书与电子书、语音书、可视化影像的交互。印刷企业在包装上应用 RFID 来与互联网实现无缝对接，扩展新应用服务，如展示仿真、运输仿真等。

三、思政拓展

1. 活字印刷术

根据沈括《梦溪笔谈》卷十八记载，最早发明活字印刷术（见图 3-11）的是我国宋朝人毕昇，时间是公元 1041—1048 年。在毕昇发明活字印刷术后，中国还出现过不少其他材质的活字，有锡活字、木活字、铜活字和铅活字等。值得一提的是木活字的使用，元代王祯在任安徽旌德县县官时曾著有一部学术巨著《农书》，因字数较多，使用雕版印刷不仅耗资高，而且费时费力，后请木匠刻木活字 3 万个，先行试印 6 万余字的《大德旌德县志》，获得了成功。为方便排版，王祯发明了转轮排字架，使排字从完全手动转为使用简单机械，提高了效率。他还把木活字的制作方法和操作程序进行了认真的记录和整理，写成《造活字印书法》一书。中国活字印刷术的发明早于西方近 400 年。与雕版印刷相比，活字印刷具有省时、省料的优点，活字印刷术为中国和世界的印刷及文化事业的发展做出了不可磨灭的贡献。

图 3-11　活字印刷术

2. 数字印刷及其智能化应用

"小批量 + 多品种 + 绿色 + 功能"定制生产是未来印刷市场和印刷产品的主流,"数字印刷 + 移动互联"就能够按需定制多元印刷服务需求。这为印刷企业带来了新的发展空间,为媒体生产及信息交流提供了创新、高效的方法,多维度改变了艺术品、包装、标签、纺织品、书刊报纸以及广告等印刷领域的技术生态和组织架构。目前喷墨印刷和静电成像数字印刷幅面已从A3 发展到 B2,基本实现了在多种材质上,按需印制与传统印刷工艺品质和表面整饰一致的产品,展示出数字印刷满足市场需求的巨大潜力。

四、应用宝库

1. 包装印刷前的编排组版工作

包装盒的印刷文件,实际上就是一个单页的平面展开图,印刷完成后再折叠,粘贴成包装盒。这种单页的印刷文件,用 Adobe Illustrator(下文简称 AI)软件进行编排组版是最方便的。设计师可以按照挑选的承印材料的开度和尺寸大小,将包装设计展开图合理安排,尽可能提高印刷效率、产量,降低成本。一些较小的印刷品,在印刷的时候会将多个幅面拼在一起,组成大版来印刷。在包装印刷前的组版前,设计师要了解包装盒的规格和结构,明确包装盒的尺寸、形状、材质等基本信息,以便为后续的工作提供指导。设计师要根据包装盒的结构、需求、设计、成本等多方面因素,选择合适的纸张和材料。同时,设计师要确定印刷的颜色和效果,以保证最终产品的质量和美观度。在每个步骤中,设计师要按照标准的操作流程进行,确保每个步骤的准确性,以避免出现错误。组版工作是包装印刷过程中的重要环节,需要细心准备并遵循相关规范,以确保最终产品的质量和效果达到预期。

2. 品牌包装展开图工艺标注

以状元坊月饼包装盒设计为例,品牌包装展开图的工艺标注常有以下几种方法。

(1)标注式,在展开图上直接备注工艺,它适合相对简单的工艺备注,如图 3-12 所示。

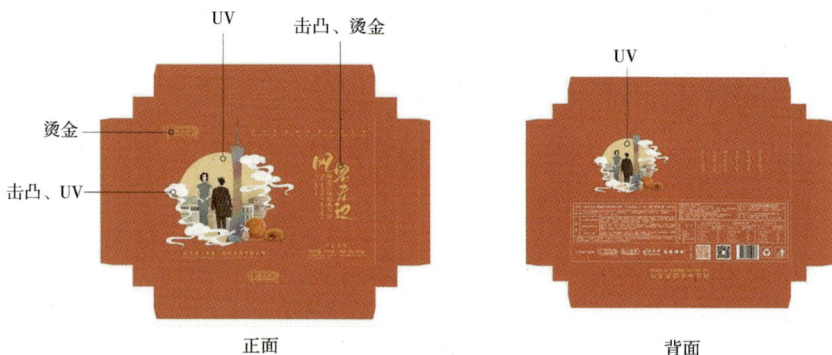

图 3-12　标注式

(2)分版式,在同一件包装设计上需要做多种工艺时,将使用相同工艺的图形放在一个版上,并且标注上工艺,如图 3-13 所示。

(3)合版式,在同一件包装设计上需要做多种工艺时,用不同的颜色在展开图上进行区别,并进行文字备注,如图3-14所示。

　　(4)分图层式,在AI的源文件图层里面进行备注,如命名为烫金的图层里面的所有元素全部使用烫金工艺,如图3-15所示。

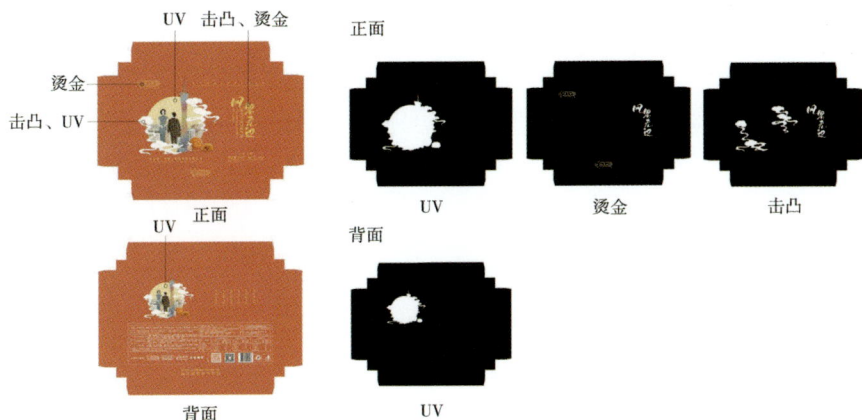

图3-13　分版式

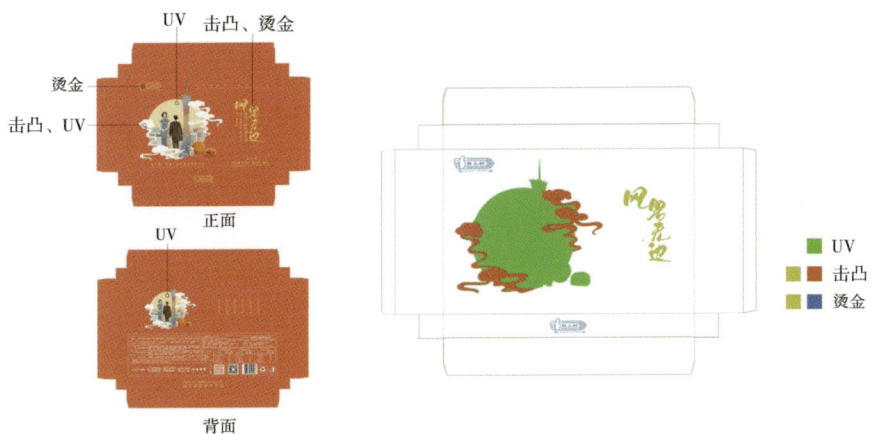

图3-14　合版式

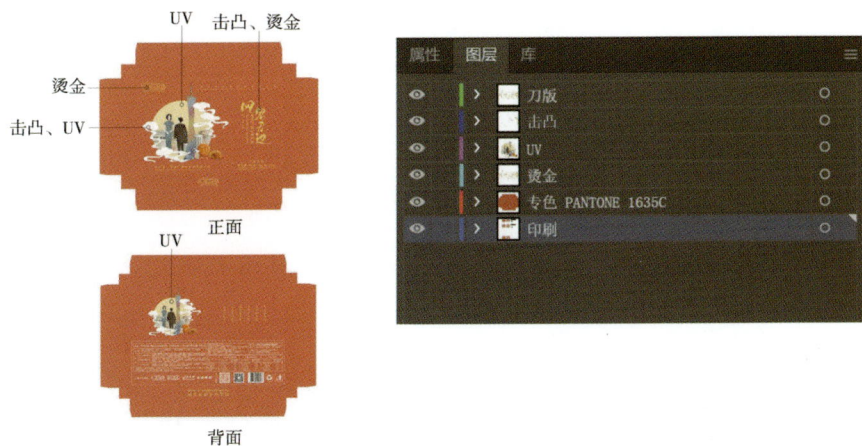

图3-15　分图层式

📖 第二部分　任务实训

一、实训概述

在品牌包装印刷技术与工艺认知实训时,设计师应按照相关的印刷流程、印刷工艺对状元坊品牌"中国好礼"包装设计展开图源文件进行整理与信息核查,确保无误;与项目委托方及承印公司进行积极的沟通,了解印刷设备对文件的格式要求,做好印前的准备工作;通过训练,加深对品牌包装印刷技术与工艺发展的了解,训练品牌包装设计展开图源文件的整理与信息核查能力,强化品牌包装工艺的认知与运用能力。

二、学习目标

(1)加深对品牌包装印刷技术与工艺发展的了解。
(2)训练品牌包装设计展开图源文件的整理与信息核查能力。
(3)强化品牌包装工艺的认知与运用能力。

三、实训内容

包装设计展开图源文件的整理、信息核查,印刷文件工艺版制作。

四、建议课时

建议课时为 4 课时。

五、实训方法、材料准备

方法:案例分析法、小组讨论法、训练法。
材料准备:案例资料、笔记本电脑、工艺资料相关书籍。

六、项目分组

学生任务分配表如表 3-5 所示。

表 3-5　学生任务分配表

小组编号:

项目任务		
组员	姓名／学号	分工
组长		指导老师	

七、任务训练

任务训练电子版　　参考案例1　　参考案例2

1. 课前导学

组号：_____　姓名：_____

引导问题：

（1）简述品牌包装印刷技术的重要性。

（2）收集喜欢的包装印刷工艺案例，附图并说明。

2. 课中实践

组号：＿＿＿＿＿＿＿＿ 姓名：＿＿＿＿＿＿＿＿

广州状元坊品牌"中国好礼"包装设计展开图工艺标注制作（方法：整理已设计排版好的文件进行制作）。

（1）包装展开图原稿：

（2）分版式包装设计工艺版制作：

（3）合版式包装展开图工艺标注：

（4）分图层式包装展开图工艺标注：

3. 课后强化

组号：_____　姓名：_____

（1）收集喜欢的工艺种类的素材图片，附图并说明工艺。

（2）本任务知识小结与巩固提升（重点内容提纲）。

评价与小结

小组互评表如表 3-6 所示。

表 3-6　小组互评表

评价组号：＿＿＿＿＿＿　时间：＿＿＿＿＿＿

班级			各小组得分情况									
评价指标	评价内容	分数	1	2	3	4	5	6	7	8	9	10
设计规范	结构图规范	30 分										
	工艺板标注规范	10 分										
	色值标注规范	10 分										
	包装结构打印折合检验	20 分										
展开图准确度	整体统一，输出无问题	15 分										
	细节完善，信息准确	15 分										
互评总分		100 分										
简要评述												

综合评价表如表 3-7 所示。

表 3-7　综合评价表

组号：＿＿＿＿＿　综合得分：＿＿＿＿＿　时间：＿＿＿＿＿

评分人员	基本素质（20分）	准确性（40分）	商业性（40分）	总分
	1. 软件操作能力 2. 图文编排能力	1. 印刷基本的线稿和标注 2. 核查能力	1. 包装结构的合理性 2. 包装印刷工艺的合理性 3. 包装的承载能力	
专业教师				
企业教师				
技术指导教师				

模块四

品牌包装展示制作

本模块我们将完成品牌包装产品包装效果图制作、品牌包装场景展示图制作两个任务的学习。

学习目标	
知识目标	1. 了解包装效果图制作在品牌包装设计中的价值 2. 了解包装场景展示在品牌包装设计中的价值
技能目标	1. 掌握包装效果图制作的技术 2. 掌握包装场景展示制图技术
素质目标	1. 提升包装效果图制作的流程规划与统筹能力 2. 提升包装场景展示制作的流程规划与统筹能力 3. 培养中国文化素养

模块学习小助手：包装效果图与包装场景展示图能更好地表达包装创意，使甲方能更清晰地预判包装生产的真实效果，是我们完成品牌包装设计提案的重要素材。掌握软件制作能力是实现包装效果图与包装场景展示图的必要技能。需要掌握的软件有以下两种。

平面软件：Photoshop、CorelDRAW、Illustrator、AutoCAD 等。

三维软件：Cinema 4D、Blender、Maya 等。

任务1 品牌包装产品包装效果图制作

第一部分 知识导入

一、理论概述

常用包装产品效果图
的构图方法

品牌包装展示制作是为了展示和推广特定品牌的产品包装而进行的制作过程。它利用多种制作技术和媒体形式,以有创意和专业的方式呈现品牌包装的设计和特点,如通过实物摄影或数字技术制作展示板、海报、视频等以展现品牌最佳的视觉效果。优秀的包装效果图能给甲方呈现最直观的设计效果,在营销中更能吸引目标消费者的关注,能有效传递品牌形象和包装产品信息,使品牌产品脱颖而出,提升视觉流量,以达到促进销售的目标。

二、重点知识

1. 包装效果图设计的意义

包装效果图在设计过程中扮演着重要角色,是设计方案的展示和检验。这些效果图在实际生产中起着参考和指导作用,可确保设计在转化为实体产品的各个环节中的统一性。包装效果图在市场营销中有着重要意义,它能呈现产品的设计最佳视觉效果,传达产品的信息、功能和优势,同时提升品牌形象与用户的购物体验。

2. 包装效果图设计要点

在设计包装效果图的过程中,设计师要合理设计流程,进行定位分析,确定产品摄影、意向草稿、方案,完成包装平面展开图终稿,通过软件制作呈现包装效果图,包括品牌理念、包装效果及产品特点等元素的展示。包装效果图要清晰地展示产品信息,营造良好的产品氛围,从审美与商业推广的角度清晰传达包装产品的关键信息。在包装效果图制作过程中,设计师还要匹配产品的风格,注意整体效果的统一性,通过展示的角度、摆放的方式、灯光场景的布置营造具有鲜明特色的视觉效果,使品牌包装打动消费者,提升产品包装设计的营销价值。

3. 包装效果图设计中主题与色彩的关系

在设计包装效果图的制作过程中,设计师要重视包装效果图设计中主题与色彩的关系,要依据包装设计的色彩选择效果图使用的色彩,注意在统一性中求变化。包装效果图尤其要注重背景的选取、环境的设置、氛围的营造,注意灯光强弱的控制与色彩搭配的合理性等。设计师可运用色彩的三要素,即明度(luminance 或 brightness)、色相(hue)、饱和度(saturation)对画面的色彩效果进行调控、搭配。每个要素内需要运用不同的搭配比例、对比度,使色彩形成特定的视觉效果与心理感受,如表4-1所示。

表 4-1　不同搭配的视觉效果和心理感受

主题	对比度	色彩搭配		色彩心理
现代、时尚、青春	高对比	明度	黑白对比强烈	鲜明、兴奋、刺激、生动
		色相	互补色、对比色	
		饱和度	高饱和与灰度	
复古、高雅	中对比	明度	深与浅对比适中	适中、柔和、协调、沉稳
		色相	邻近色	
		饱和度	中等饱和度对比	
自然、温馨、健康	低对比	明度	低明度对比	静态、舒适、平淡、朴素、统一
		色相	类似色	
		饱和度	低饱和度对比	

以下进行对比分析，左为原图，右为分析图（见图 4-1 至图 4-9）。

（1）主题为现代、时尚、青春，对比度为高对比，如图 4-1 至图 4-3 所示。

图 4-1　明度 - 高对比

图 4-2　色相 - 高对比

图 4-3　饱和度 - 高对比

②主题为复古、高雅，对比度为中对比，如图 4-4 至图 4-6 所示。

图 4-4　明度 – 中对比

47 色相值(hue)　37 色相值(hue)　29 色相值(hue)　10 色相值(hue)

图 4-5　色相 – 中对比

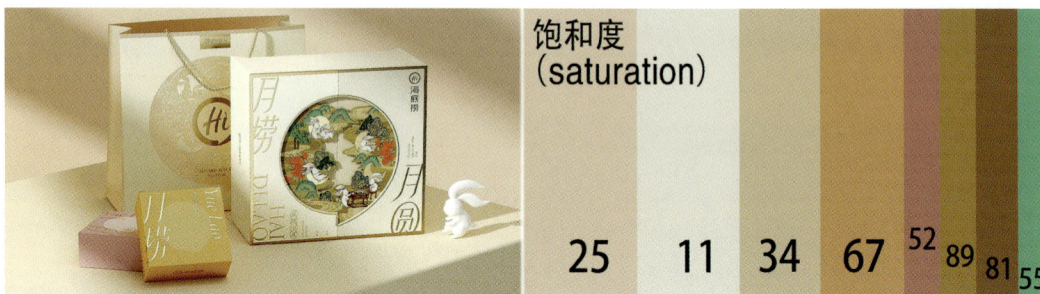

饱和度（saturation）

25　11　34　67　52　89　81　55

图 4-6　饱和度 – 中对比

③主题为自然、温馨、健康，对比度为低对比，如图 4-7 至图 4-9 所示。

图 4-7　明度 – 低对比

图 4-8　色相 – 低对比

图 4-9　饱和度 – 低对比

4. 制作包装效果图的软件

（1）平面图像编辑软件如表 4-2 所示。

表 4-2　平面图像编辑软件

软件	介绍
Adobe Photoshop	位图软件功能强大，应用于图像编辑和处理
Adobe Illustrator 或 CorelDRAW	矢量图形软件，适合设计图形元素

表 4-2 所示软件适合对包装效果图进行调整和编辑，方便制作包装展开图、包装贴图、包装所需的元素等素材，但对于复杂的三维建模和渲染任务来说功能相对有限。所以，这类软件常作为包装效果图设计进入三维软件制作阶段前的主要使用软件。

（2）三维软件如表 4-3 所示。

表 4-3　三维软件

软件	介绍
Blender	免费、功能强大、安装体积小、便捷的操作、庞大的用户社区、丰富的教程资源
Cinema 4D	用户界面友好、高质量渲染、强大的动画功能、搭载第三方插件

在商业包装设计行业，主流的三维软件是 Cinema 4D 和 Blender。Cinema 4D 具有更友好的用户界面和动画功能，需要购买许可证，价格较高。Blender 在用户界面使用上需要一段

时间适应,其优势在于免费且功能强大,目前软件在不断提升优化。

三、思政拓展

1.《敦煌潮礼 踏月而来》包装效果图赏析

《敦煌潮礼 踏月而来》包装效果图以良品铺子的产品为载体,将中国传承千年的文化符号融入中秋礼盒,重新建立中秋月饼与敦煌文明的联系,唤起敦煌的鲜活色彩与中秋的鲜活味道,如图 4-10、图 4-11 所示。传统文化元素的结合为中秋礼盒注入了新的生机与活力。消费者可以在品尝月饼的同时,感受到中华文明的深厚底蕴,从而增添文化体验与情感共鸣。在良品铺子产品的案例中,包装效果图在产品市场销售中扮演了关键角色。它传达了中国传统文化和企业品牌形象,通过突出产品优势和直观的视觉效果,吸引消费者的注意,使其对产品产生浓厚兴趣,深化产品的印象。

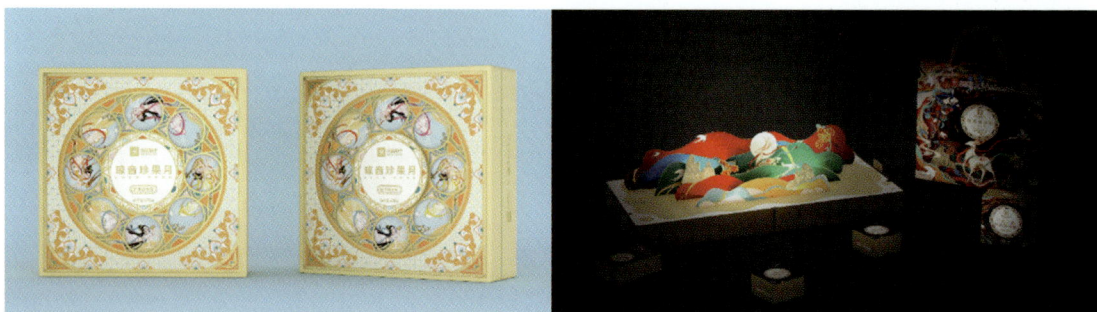

图 4-10　《敦煌潮礼 踏月而来》包装效果图 1

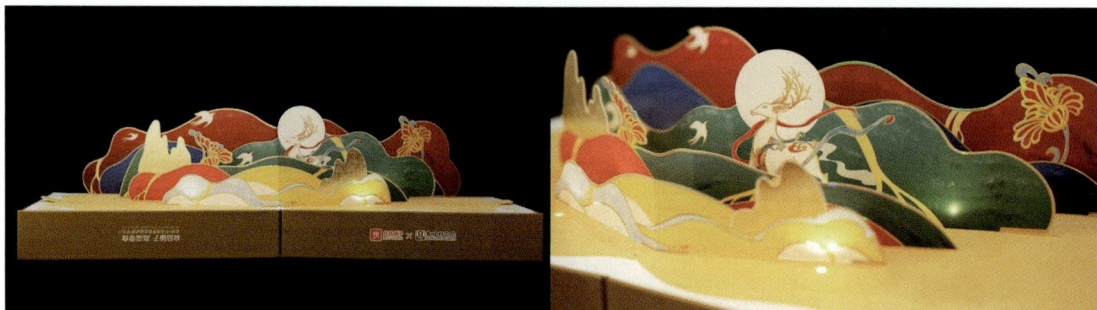

图 4-11　《敦煌潮礼 踏月而来》包装效果图 2

2. 在线包装设计网站

包装设计工具还包括包小盒(见图 4-12)、包装魔术师等在线包装设计网站,它们是包装设计的重要辅助工具,可提供丰富的包装设计模板和工具。用户可以选择折叠盒、礼品盒、瓶盒等模板,自定义设置尺寸、颜色、文本和图像等元素。在线包装设计网站还提供图库和设计元素,方便用户生成专业、独特的包装效果图。它具有实时预览和下载功能,方便生成高质量的包装效果图。尽管如此,但在线包装设计网站的模板多样性和定制性有限,无法满足专业设计师的高级和个性化需求。此类在线包装设计网站适合初学者对包装常用结构进行了解。

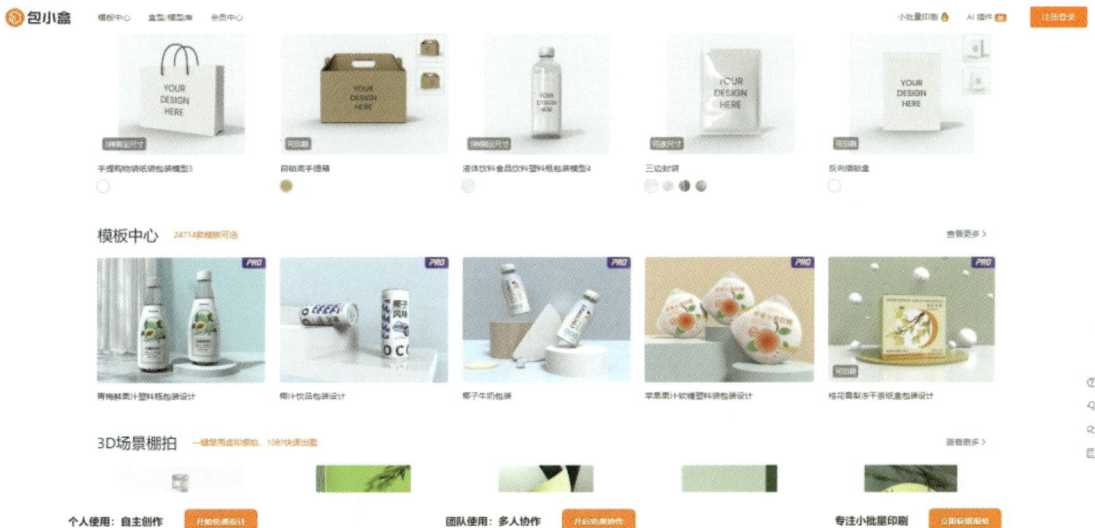

图 4-12　包小盒网站页面

四、应用宝库

1. 常见三维软件制作包装的初步学习流程

常见三维软件制作包装的初步学习流程如图 4-13 所示。

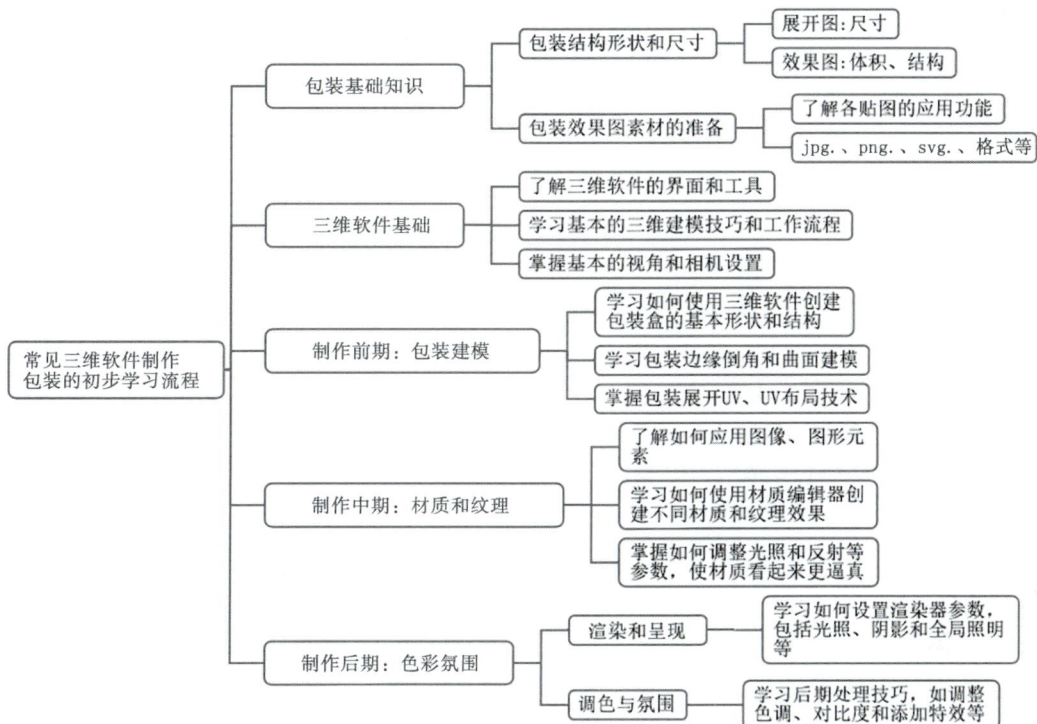

图 4-13　常见三维软件制作包装的初步学习流程

2. 基于三维软件制作包装效果图的注意事项

基于三维软件制作包装效果图的注意事项如表 4-4 所示。

表 4-4　基于三维软件制作包装效果图的注意事项

要点		注意事项
项目文件	阶段性备份	制作时阶段性备份文件，防止操作失误或软硬件问题
	合理命名	加入项目前缀、版本号、日期时间等关键字，便于整理查找
	内部文件分组整理	在软件内对模型、灯光、贴图等素材进行合理命名和分组
软件数据整理	统一单位	明确最终成果像素、尺寸单位，包括贴图素材，避免使用过大素材
	精简数据	清理不再使用的素材，减少文件加载和缓存数据，提升软件运行速度
文件路径	嵌入式	把素材嵌入工程文件内部，使用单一文件保存所有素材（推荐）
	绝对路径	适合在不同软件内共用的素材，但素材位置改变会导致在项目内失效
	相对路径	团队合作或提交工程时有用，保持项目文件与外部素材的相对位置关系、避免素材失效

📔 |第二部分　任务实训|

一、实训概述

在实训中,学习的主要目标是通过使用三维软件将前期的平面设计方案以立体化的形式展现,以实现直观、真实的品牌包装视觉效果。在这个过程中,学习和巩固合理的制作流程,明确各个制作步骤的意义和时间分配,以提高包装效果图制作的整体规划能力。

二、学习目标

(1)了解包装效果图制作在包装设计中的价值。
(2)掌握包装效果图制作的技术。

③掌握包装效果图制作的流程,提高统筹能力。

三、实训内容

整体制作流程如下。

前期:将平面设计稿在三维软件内建模,还原包装的真实三维效果。

中期:材质的模拟、灯光布置。

后期:调色与氛围 。

四、建议课时

建议课时为 12 课时。

五、实训方法、材料准备

方法:从平面到三维的意识、三维软件制作包装效果图的流程。

材料准备:电脑、Photoshop、corelDRAW、Illustrator、AutoCAD、Cinema 4D、Blender、Maya 等。

六、项目分组

学生任务分配表如表 4-5 所示。

表 4-5　学生任务分配表

小组编号:

项目任务		
组员	姓名 / 学号	分工
组长		指导老师

七、任务训练

任务训练电子版　　参考案例1　　参考案例2

1. 课前导学

组号：_____ 姓名：_____

课前引导：

（1）三维软件在包装效果图制作中的优势是（　　）。

A. 可以快速创建逼真的包装模型和效果图

B. 提供丰富的包装模板和设计元素

C. 具备高度可视化和交互性，方便设计调整

（2）在三维软件中，添加纹理到包装模型上的方法是（　　）。

A. 使用渲染器插件

B. 导入纹理图像或通过绘制纹理功能

C. 通过调整光照效果添加纹理

D. 无法在三维软件中添加纹理

③ 在 UV 映射中，UV 坐标是（　　）。

A. 三维模型的空间坐标

B. 纹理图像的像素坐标

C. 三维模型表面上的纹理坐标

④UV 展开是指（　　）。

A. 将三维模型的表面展开成二维平面以便进行纹理绘制

B. 在 UV 映射过程中调整纹理图像的尺寸和比例

C. 将纹理图像映射到三维模型的表面上

（5）三维软件中的材质编辑器用于（　　）。

A. 创建包装盒的基本形状和结构

B. 调整包装盒的材质、颜色和纹理

C. 添加包装盒的标识和品牌元素

⑥（　　）布光方式常用于突出产品的轮廓和立体感。

A. 主光源

B. 高光源

C. 背光源

（7）包装效果图制作中，后期处理可以包括（　　）。

A. 调整包装盒的结构和形状

B. 修改包装盒的材质和纹理

C. 调整图像的色调和对比度

拓展思考如下。

（1）了解包装的材质选用及在三维软件中的实现方法。

②了解品牌包装的打光方法。

2. 课中实践

组号：＿＿＿＿＿＿＿＿　姓名：＿＿＿＿＿＿＿＿

（1）前期制作。

①整理项目素材：准备包装展开图（标注包装各个结构的尺寸以方便建模），确定将平面设计稿导入三维软件的相应格式，准备材质贴图所需的分层设计稿。

展开图：

设计草图：

②数字建模：在建模的过程中考虑产品的真实尺寸、比例和细节，将三维软件的单位设置为与实体制作的单位尺寸一致，以确保整体包装的各个部件的比例一致、效果图与最终实际包装一致。

③ UV 展开与映射。

标记缝合边：

导出 UV 布局图：

②中期制作:色彩、灯光与材质。

①赋予色彩。

对模型赋予色彩有两种方式:一是通过软件内的材质球的基础色,适合包装表面是单色的区域;二是通过 UV 映射的方式将图像映射到物体表面,适用于包装表面是插画、纹样等的区域。

②纹理贴图和材质。

分析设计稿:

图像贴图:

材质的制作:

③灯光布置。

强调主次:通过光在不同区域的强弱照明处理,可以在视觉上营造主次对比;一般高亮的照明区域是视觉的聚焦点,作为突出产品特点、魅力的方法。

丰富材质:光能凸显各材质的反射、折射效果,合理运用光能呈现产品包装的光泽、金属感、透明感等材质效果,产生真实、丰富的视觉效果。

气氛的营造:一方面,光在体积不同的包装上产生不同的亮暗效果、阴影效果,产生厚实感或者轻盈感;另一方面,不同色彩的光也赋予包装效果图不同的风格,如暖色光带来温暖感、冷色光带来清爽冷静感、冷暖结合的光带来活泼感或戏剧感等。

基本灯光：

塑造轮廓光：

（3）后期制作：效果图调色。

气氛调整：可使用图像处理软件（如 Photoshop）对系列效果图进行亮度、对比度、色调和饱和度等参数的调整，使多张效果图的色彩形成统一风格。

调色过程：

最终效果：

3. 课后强化

组号：_____ 姓名：_____

（1）效果图优化。

（2）本任务知识小结与巩固提升（图表总结）。

任务2　品牌包装场景展示图制作

第一部分　知识导入

一、理论概述

　　品牌包装场景展示图将包装设计与产品匹配的场景结合，通过精心设计的摆放或组合方式，营造出独特的情境氛围。场景展示以平视图、俯视图、细节特写图和功能展示图等多种方式展示品牌的产品、包装、道具、空间。这种效果图旨在呈现系列产品相互搭配、共同展示和形成整体的效果，同时展示产品的应用场景，让观众不仅了解产品信息，也了解其在实际使用中的功能与优势。场景展示图用于更全面展示产品的系列性、综合性形象。

包装产品效果图的
三点布光方法

二、重点知识

1. 品牌包装场景展示图的意义

　　品牌包装场景展示图具备情景氛围和多图展示的全面特性，能够更有效地引起消费者对品牌包装的共鸣，进而有助于企业在消费者心目中树立品牌形象。品牌包装场景展示图具有的情景气氛更具有视觉冲击力，能够吸引消费者的目光和激发消费者的购买欲望，从而使产品从市场推广中脱颖而出。这种独特的视觉效果能够促进产品的销售，拓展市场份额。

2. 品牌包装场景展示图设计要点

　　品牌包装场景展示图是对包装产品的综合性、协调性的展示，所以在包装设计的过程中，从单个独立包装到外包装都要考虑整体展示的视觉效果。

　　在内容上，设计师要考虑品牌产品的风格定位，在品牌包装场景展示图设计中使情景的设定和道具的选用统一，如传统风格的产品在场景展示图中会加入一些传统器物、植物等关联元素来营造情景。

　　在形式上，设计师要考虑品牌产品的形象气质，如摆放方式、构图拍摄、灯光布置、场景色彩的搭配等形式上的设计，让品牌产品形象与信息传递更具感染力。

3. 制作品牌包装场景展示图的需求分类

　　品牌包装场景展示图可以根据不同的展示需求进行设计，最终以多图联合展示的方式呈现在消费者面前，达到丰富、统一、全面的展示目的。因此，我们对所需使用的品牌包装场景展示图做以下分类,如表 4-6 所示。

表 4-6　品牌包装场景展示图分类

类型	功能作用
全貌图	展示各部分比例,注重统一协调性,气氛强
单个图	突出单个具有代表性的包装
局部图	强调包装局部的精美细节、巧妙设计
应用图	展示产品在使用时的情景,强调产品的用途和优势
产品阵列图	用同一包装重复排列,营造视觉冲击力
个性化展示	带入艺术夸张,激发消费者兴趣

4. 品牌包装场景展示图的构图形式

品牌包装场景展示图的构图形式如表 4-7 所示。

表 4-7　品牌包装场景展示图的构图形式

构图形式	视觉感受	注意事项
中心式	庄严、严谨、古典	在一组展示图中运用不同的构图形式可以展示产品及包装的不同特性,所以每种构图形式不一定是独立的
水平式、垂直式	平稳、稳定、稳重、和谐	
散点式	张力、自由、扩散	
对角线式	不平衡、紧张、动力	
三分式	张力、节奏、虚实	
引导线式	秩序、组织、方向	

具体案例分析如下。

(1)水平式:采用与桌面水平且平视的拍摄角度,使主体物与场景道具形成整齐稳定的关系,彰显古典、端庄的视觉感受,如图 4-14 所示。

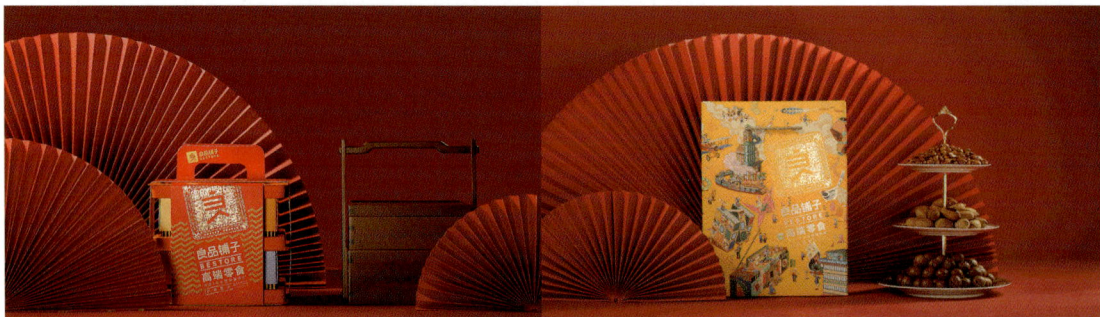

图 4-14　水平式构图

(2)中心式与散点式:图 4-15(a)所示为中心式构图,带给观者一种均衡且冷静的感受;图 4-15(b)所示为散点式构图,传达了产品中水的流动与自由。

(3)引导线式与散点式结合:图 4-16 运用绸带将随机朝向抛撒在空中的包装串联起来,使包装排列在动感中组织有序、自然流畅。

（a）中心式构图　　　　　　　　（b）散点式构图

图 4-15　中心式与散点式构图

图 4-16　引导线式与散点式结合构图

（4）对角线式：将主体物倾斜摆放，同时配合空间的倾斜，给画面带来一种紧张感、刺激感和动感，营造出强动态视觉张力的潮流酒吧情景，如图 4-17 所示。

图 4-17　对角线式构图

三、思政拓展

1.《国风潮礼 高端零食》场景展示图赏析

良品铺子股份有限公司生产的《国风潮礼 高端零食》包装礼盒的场景展示图，采用中国古代宫廷提盒作为主要结构，结合简约化的造型和明亮的色彩搭配，使整个礼盒呈现出古典与新潮混合的风格，如图 4-18、图 4-19 所示。设计师在场景道具中融入传统的提盒与具有东方特征的扇子道具，在大红色背景的映衬下，打造出独特的古典与新潮混合的新颖风格。展示图生动地展现了礼盒的魅力，引发消费者对高端零食的关注与喜爱。

图 4-18　《国风潮礼 高端零食》场景展示图 1

图 4-19　《国风潮礼 高端零食》场景展示图 2

2. 储备个人资产库

在三维软件里面制作包装场景展示图,除了产品、包装以外,还需要搭配相符的道具、场景空间等模型,如常用的作为衬托使用的植物盆栽、桌子、窗户等。除了模型,还需有材质贴图、世界环境、姿态(角色)等资产。设计师可使用三维软件里的资产管理功能进行归纳整理,建立属于自己的资产库,方便日后调用。资产库可以自制,也可从互联网上收集并下载。常用的网站有 Blender 布的、Cg 咖、Poly Haven 等,如图 4-20 至图 4-22 所示。

图 4-20　Blender 布的网站

图 4-21　Cg 咖网站

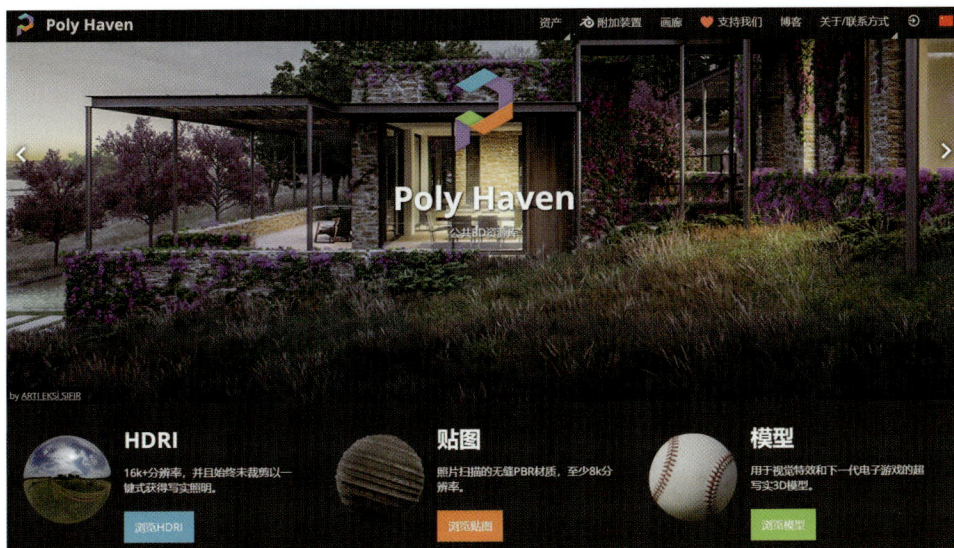

图 4-22　Poly Haven 网站

四、应用宝库

1. 品牌包装场景展示图制作流程

品牌包装场景展示图制作流程如图 4-23 所示。

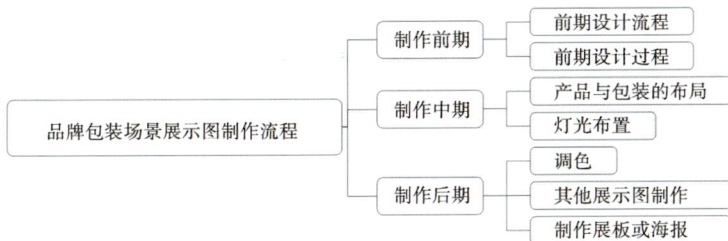

图 4-23　品牌包装场景展示图制作流程

2. 手绘效果图的掌握

手绘效果图（见图4-24）又被称为前期概念图，是设计前期阶段的一种重要且高效的方案推演和布局规划工具。

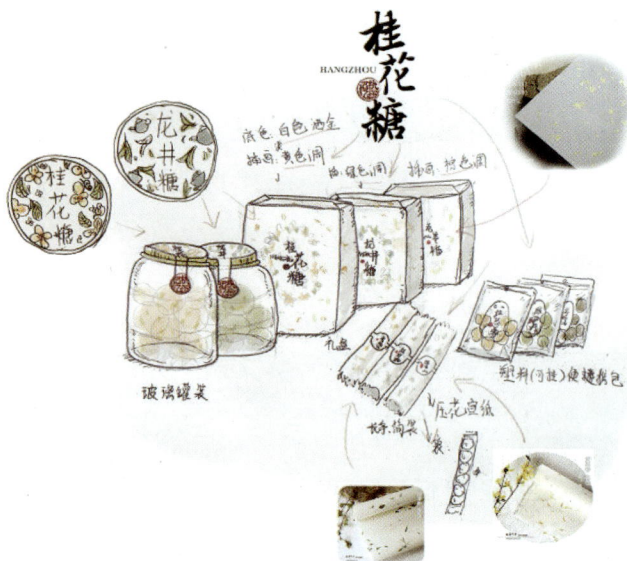

图4-24 手绘效果图

手绘效果图的主要作用如表4-8所示。

表4-8 手绘效果图的主要作用

作用	描述
快速呈现	在设计前期，手绘效果图能够迅速呈现多个方案，让设计师初步尝试不同的包装效果图构图、布局等设计元素
方案沟通	手绘图的形式使高效地呈现多个方案成为可能，因此在前期阶段作为方案沟通的工具非常有效
艺术效果	手绘线条的特点赋予作品轻松和温暖感，视觉上具有独特的手绘风格，增加了作品的艺术性
展示推广	手绘效果图可以作为产品和包装的宣传插图，使品牌在宣传中脱颖而出，更好地塑造品牌形象

手绘效果图在设计过程中起到了关键的作用，可帮助设计团队迅速尝试不同方案、有效沟通、展示和推广产品以及包装设计。

📔 第二部分 任务实训

一、实训概述

本实训的主要目的是制作具有场景内容的展示图，在展示图中让观众了解到产品信息和实际使用时的情景,营造一个具有叙事气氛的情景;在实训中关注产品信息与功能的展示、道具元素内容的搭配,还有设计形式上的运用,达到需求、内容与形式的统一;在实训中关注时间的规划与流程步骤,将展示图所需的信息展示功能和视觉感染效果恰当地融合在一起。

二、学习目标

(1)了解包装场景展示图在包装设计中的价值。
(2)掌握包装场景展示图制作的技术。
(3)掌握包装场景展示图制作的流程,提高统筹能力。

三、实训内容

主要内容:完成一套具备完整性的包装场景展示图。
(1)前期:方案设计与产品包装的模型准备。
(2)中期:场景中的物体和灯光布局。
(3)后期:色彩调整、编辑海报。

四、建议课时

建议课时为 12 课时。

五、实训方法、材料准备

方法:方案设计意识、三维软件制作包装场景展示图的流程。
材料准备:电脑、Photoshop、corelDRAW、Illustrator、AutoCAD、Cinema 4D、Blender、Maya 等。

六、项目分组

学生任务分配表如表 4-9 所示。

表 4-9　学生任务分配表

小组编号:

项目任务		
组员	姓名/学号	分工
组长		指导老师	

七、任务训练

1. 课前导学

任务训练电子版　　参考案例1　　参考案例2

组号：＿＿＿＿＿＿　姓名：＿＿＿＿＿

引导问题：

（1）思考摄像机视角的选择与画面风格的关系。

（2）观察和分析在包装场景展示图中道具与包装的主次关系。

（3）软件 Blender 的（　）功能可以让单个包装产品进行复制排列。

A. 实体化修改器

B. 阵列修改器

C. 倒角修改器

（4）如果是一个中国茶具产品，给场景添加（　）元素最合适。

A. 游乐场

B. 竹舍

C. 运动场

（5）使用摄像机对包装进行拍摄时，（　）拍摄手法描述是不正确的。

A. 特写：表达包装细节

B. 平视：具有稳重典雅气质

C. 俯拍：呈现崇高感

（6）在 Blender 中为包装场景设置相机焦距以调整景深效果的方法是（　）。

A. 在渲染选项中调整焦距值

B. 在相机设置中调整焦距值

C. 使用模糊滤镜调整焦距效果

（7）三点布光技术通常由（　）三个光源组成。

A. 主光、反光、镜光

B. 主光、辅光、背光

C. 前光、后光、环境光

（8）三点布光技术中的主光通常位于（　），其作用是（　）。

A. 45°角；用于补充暗部的光照

B. 90°角；用于强调物体的轮廓

C. 0°角；用于整体照亮场景

（9）在三维软件中制作包装效果图时，场景布局重要的原因是（　）。

A. 场景布局只影响背景，不影响包装的呈现

B. 场景布局可以帮助营造特定的氛围和情感

C. 场景布局只关注包装的形状和材质

2. 课中实践

组号：＿＿＿＿＿＿＿　姓名：＿＿＿＿＿＿＿

（1）前期制作。

①前期设计流程如表 4-10 所示。

表 4-10　前期设计流程

步骤	第一步：确定展示图类型	第二步：明确场景中的内容	第三步：考虑设计形式	第四步：绘制前期概念图
内容	全貌图	包装与产品	布局形式	将方案的构思视觉化为概念图，供团队讨论、优化、深化
	应用图	主题场景	色彩形式	
	产品阵列图	道具	灯光与色调	

第一步：确定展示图类型。

第二步：明确场景中的内容。

第三步：考虑设计形式。

第四步：绘制前期概念图（手绘效果图）。

绘制前期概念图是进入三维软件制作阶段之前的必要阶段，以平面的方式绘制设计稿是推演方案的高效方式。以草图的形式进行场景布局、摄影角度的设计,同时考虑道具和场景装饰元素的添加和设计,对画面的光照、色彩进行设计。

②前期设计过程。

构图:

色彩设计:

模型准备:将场景需要完成的单个物体分为三类,分别是包装、装饰道具和产品,在三维软件里面制作完成。

包装及产品模型:

装饰道具模型:

（2）中期制作。
①产品与包装的布局。
根据前期的设计稿,将建模完成的包装进行布局和组合。在布局时,我们将包装本身的展示效果放在首要位置,突出其特点和吸引力;然后适配装饰道具和背景,衬托包装的展示,增强表现力和美感,营造叙事氛围。
第一步:物体布局。

第二步:搭建场景。

②灯光布置。
灯光布置采用传统布光方法(三点布光),光源分别是主光、辅光、背光,如表4-11所示。

表4-11　三点布光方式

光源	作用和布置
主光	场景光照的主要来源,一般与摄像机形成45°的夹角
辅光	作为主光照不到的地方的补充光源,一般与主光形成90°的夹角
背光	突出被摄物的轮廓及其与背景的主次关系,一般在被摄物体后方, 采用聚光灯使光的形状更清晰

第一步:布置主光。

第二步:布置辅光。

第三步:布置背光(轮廓光)。

第四步:增加局部轮廓光。

第五步:基本完成布光。

第六步:为各种光设置不同的色相倾向,营造丰富的氛围效果。

③后期制作。

①调色。

②其他展示图制作。

俯视图：

阵列图：

其他展示图：

③制作展板或海报。

3. 课后强化

组号：_____　姓名：_____

（1）效果图学习心得体会。

（2）本任务知识小结与巩固提升（重点内容提纲）。

评价与小结

小组互评表如表 4-12 所示。

表 4-12　小组互评表

评价组号：＿＿＿＿＿＿　时间：＿＿＿＿＿＿

班级			各小组得分情况									
评价指标	评价内容	分数	1	2	3	4	5	6	7	8	9	10
场景空间布置	手绘效果图、贴图素材	10 分										
	构图合理	10 分										
	道具的搭配	25 分										
	材质与灯光	25 分										
视觉气氛	画面主次有序	15 分										
	画面整体气氛与主题相符	15 分										
	互评总分	100 分										
简要评述												

综合评价表如表 4-13 所示。

表 4-13　综合评价表

组号：＿＿＿＿＿　综合得分：＿＿＿＿＿　时间：＿＿＿＿＿＿

评分人员	基本素质（20 分） 1. 设计前期规划能力 2. 软件操作能力	视觉呈现（40 分） 1. 整体空间布局 2. 材质与灯光 3. 包装与道具搭配	创意性（40 分） 1. 画面自然与渲染质量 2. 色彩与光的创意运用 3. 视觉的特性	总分
专业教师				
企业教师				
技术指导教师				

参考文献
References

一、著作及论文

[1] 张洪海 . 印刷工艺 [M]. 北京 : 中国轻工业出版社 , 2019.

[2] 樊传果 , 钱晨 . 产品包装品牌化设计研究 [J]. 文化产业研究 , 2020(03) : 262-276.

[3] 朱琦 . 营销思维驱动下的包装设计策划思路 [J]. 现代营销 (信息版) , 2020(05) : 104-105.

[4] 苗东升 . 论系统思维 (二) : 从整体上认识和解决问题 [J]. 系统辩证学学报 , 2004 (04) : 1-6.

[5] 苗东升 . 论系统思维 (一) : 把对象作为系统来识物想事 [J]. 系统辩证学学报 , 2004(03) : 3-7.

[6] 李健 . 设计策划的教学策略探讨 [J]. 美术学报 , 2013(04) : 97-102.

二、其他案例图片网址

[1] https://www.tigerpan.com

[2] https://www.xiaohongshu.com/explore/650af715000000001302a201

[3] http://www.mbrand.gtn9.com/work_show.aspx?ID=4309BD811EB1A06A

[4] https://www.zcool.com.cn/work/ZNjYzMjQ5ODg=.html

[5] https://wx.gtn9.com/Work_Show.aspx?workid=59D5850ADB29C033

[6] https://www.zcool.com.cn/work/ZNjY1MzY5MDQ=.html

[7] https://www.zcool.com.cn/work/ZNjY1MTgxNzY=.html

[8] https://www.zcool.com.cn/work/ZNDc4ODgwMTI=.html

[9] https://www.baoxiaohe.com/

[10] https://www.zcool.com.cn/work/ZNDMxNjIwMjQ=.html?ivk_sa=1024320u

[11] https://blenderco.cn/43728.html

[12] http://cgka3d.com/

[13] https://polyhaven.com/

[14] https://www.zcool.com.cn/work/ZMTI5ODQzODQ=.html?

二维码索引
QR code index